心 /
是一切的根源

我心优雅，却有力量。
好心态是所有力量产生的根源。

心态若改变，态度跟着改变；态度改变，习惯跟着改变；
习惯改变，性格跟着改变；性格改变，人生就跟着改变。

心是一切的根源

心是一切的根源

路勇 著

HEART

民主与建设出版社

图书在版编目（CIP）数据

心是一切的根源 / 路勇著. —北京：民主与
建设出版社，2016.7

ISBN 978-7-5139-1181-8

Ⅰ.①心… Ⅱ.①路… Ⅲ.①心理学—通俗读物
Ⅳ.①B84-49

中国版本图书馆CIP数据核字（2016）第147848号

心是一切的根源
XIN SHI YIQIE DE GENYUAN

出 版 人：	许久文
责任编辑：	李保华
策划编辑：	王可飞
出版发行：	民主与建设出版社有限责任公司
电　　话：	（010）59419778　　59417745
社　　址：	北京市朝阳区阜通东大街融科望京中心B座601室
邮　　编：	100102
印　　刷：	三河市双峰印刷装订有限公司
版　　次：	2016年7月第1版　2019年6月第2次印刷
开　　本：	16
印　　张：	16
书　　号：	ISBN 978-7-5139-1181-8
定　　价：	48.00元

注：如有印、装质量问题，请与出版社联系。

· · ·

——心若安好，便是晴天

你的心里想着什么，看世界就会有什么。

心里想着昨天的忧愁，看世界就是一张忧愁的面容。心里惦记着今夜的流星雨，看世界就是天际那一幕灿烂而浪漫的光华。心里向往着明天的花团锦簇，看世界就是漫山遍野、馥郁芬芳的缤纷花朵。你的心里想着什么，看世界就会有什么。这是一份有些许禅意的体悟，或许人生就是一次美妙的抵达。即使远方是那么难以捉摸，但是心却可以让我们淡定，让我们在尚未接近时便怀有前行的勇敢和坚强，并最终收获必将收获的胜利和喜悦。

你的心里有阳光，你的世界就充满阳光；你的心里若是乌云密布，你的世界就布满阴霾。

阳光不仅仅是播撒在城市中的暖意，更是驻扎在心底的正能量。心里有阳光，生活就充满正能量，这份正能量可以带你笑着出发，也可以帮你跨越山川和河流，最终抵达梦寐以求的远方和高度。乌云不仅仅是城市上空的荫翳，也是堆积在心底的负面能量。唯有让内心远离乌云，才会让世界不再布满阴霾，让明媚的阳光取代无边无际的灰暗。

可以说，心是一切的根源。所有的日子，都从"心"出发，从自己内心的情感出发。

你所感觉到的不快乐、不幸福、不满足，其实并不是来源于周遭的他或她，甚至跟气象、环境和经济也无关。你的烦恼和忧愁，只不过来源于你的内心，来源于你还不够强大的内心。当你的心房还不够柔韧，当你的心海还不够广阔，那些扑面而来的伤痛就会见缝插针，去改变你脸上原有的微笑和你乐观的心态。

这人间的美与不美、浅笑与低愁，都难逃一个"心"字。情人眼里出西施，仇人相见分外眼红——爱与恨不仅是一种情绪，更是一种实实在在的视界。退一步海阔天

心是一切的根源

空，让三分云淡风轻。如果心变得宽广，你会发现世界更大；如果心变得纯净，你会发现世界很美。世界喧嚣，其实喧嚣世界可以有另一张面孔。那个世界美好、没有阴霾、没有纷争、没有泪与伤。

想改变世界，首先要改变你自己。想改变自己，首先要改变你的心。千里之行，始于足下；而世界的改变，始于心的觉醒和勃发。你变了，你周遭的一切便会随之奇迹般地改变，如果你清楚自己要去哪里，全世界都会微笑着为你让路。你的心大了，就能装下整个世界，那些阻碍你的挫折和困难，都不会长久地存在和滞留，所有风和雨，也不过是为你护送的天使。

心中有爱，你就会生活在爱的氛围中，因为爱从来都是相互呼应的。心中有快乐，你就会生活在笑声里，笑声会围绕你和你身边的每个人。同理，你若每天抱怨、挑剔、指责和怨恨，那么你不仅会使自己生活在无穷的烦恼中，你也将成为烦恼的发起者和散播者。也许有时候我们无法改变事情，但是可以改变自己的心情，虽然心情不是成事的唯一保证，却能让人生多一种可能。

一念到天堂，一念下地狱。禅宗里的善与恶不过是一念之间，人生的成与败不过是一念之间，爱人的得与失也不过是一念之间。或许善良、成功和幸福需要太多的因素，然而一颗足够强大的心，却能让你更加从容地出发，更加平稳地抵达。人生有太多波谲云诡和光怪陆离，然而能够守护你走向更远和更高未来的只有你那颗智慧而沉着的心。

心若安好，便是晴天。不管世界有多少迷雾和大雨，不管昨夜的道路是泥泞还是雪地，心若安好，迷雾和大雨都会适时退场，泥泞和雪地都会变成坦途，你要去的那个地方就在眼前，你爱的人就会在你身边，你要的熠熠生辉的梦想就会触手可及。他们说"你若安好，便是晴天"，其实所有的惦念和愿景，最后都会回归你的心上，你内心的那份安好，才是全世界的晴好。

你在哪里，心就在哪里。心在哪里，幸福就在哪里。心若安好，便是晴天。愿这份晴朗，属于每一个阅读这些文字的你。

CONTENTS

目 录
心是一切的根源

001 序言 心若安好，便是晴天

01
Chapter

第一章
心若没有栖息的地方，到哪里都是流浪

002 伤害我们的不是别人，常常是我们自己

006 心静了，才能听到自己的内心

009 心若安好，每日都是晴天

012 过程是风景，结果是明信片

016 没在一棵树上吊死，却在森林里迷了路

019 微小的幸福就在身边，容易满足就是天堂

023 活在别人的剧本里，就永远找不到自己

026 对自己好一点，因为一辈子很短

029 你是阳光，你的世界便充满阳光

02

Chapter

第二章
迷惘的才是青春，疼痛的才是爱情

034 选择太多时容易迷惘，追求太多时容易迷失
037 总有一些爱，注定是用来辜负的
040 有些事，明知是错的，也要去坚持，因为不甘心
043 走得最急的总是最美的景色，伤得最深的总是最真的感情
047 爱情就像沙子，攥得越紧，流失得越快
051 不是对方不在乎你，而是你把对方看得太重

03

Chapter

第三章
没有过不去的坎儿，只有过不去的心情

056 只有糟糕的心情，没有糟糕的事情
059 美好的是经历，不美的是阅历
062 曾经你所担心的问题，现在看来都是毫无理由的
065 退一步海阔天空，让三分云淡风轻

068　人生没有如果，只有后果和结果

071　能毁掉你心情的从来不是别人，而是自己

074　无法改变事情，可以改变心情

077　想不开就不想，得不到就不要

081　想改变事情的结果，就先改变心情

084　如果你的心中装满过去，就无法容纳未来

087　错过了太阳，请好好珍惜月亮

090　没人会嘲笑你，因为别人没时间关注你

093　再不愉快的事，总有过去的一天

04

Chapter

第四章
每一次破碎都是一次重生

098　人生就像一杯茶，会苦一阵子，不会苦一辈子

101　泪水洗过的眼睛会更加清澈

104　摔倒了不要空手站起来，哪怕抓一把沙子

107　享受阳光就要接受阳光下的阴影

110　有些路，明知是弯的，也一定要走

113　曾经让我们懊悔的错误，不过是成功的伏笔

116　成熟不是人变老，而是含着眼泪却还保持微笑

119　叹气最浪费时间，哭泣最浪费力气

122　走自己的路，任凭别人去打车

Chapter 05

第五章
幸福不是因为得到的多，而是计较得少

126 生容易，活容易，生活不容易

129 幸福不是因为得到的多，而是计较的少

132 一个人不会永远处在倒霉的位置

135 天使之所以会飞，是因为她们把自己看得很轻

138 放不下架子，撕不开面子，解不开情结，所以累

141 最精彩的不是实现梦想，而是坚持梦想的过程

145 放慢脚步，享受简单的快乐

148 不要用别人的错误惩罚自己

151 不要背后说他人，如果一定要你说，就说好话

154 即使暂时没有人爱，也要做一个可爱的人

157 幸福是蝴蝶，只有你安静坐下，它才可能停落在你身上

Chapter 06

第六章
你不努力，谁替你奋斗

162 每个人出生的时候都是原创，可悲的是很多人渐渐都成了盗版

165 千万个隆重的开始也不如一个简单的完成

169　只有想不通的人，没有走不通的路

172　听得进的是建议，听不进的是批评

175　有时候，摔跤只是因为总是看着高处

178　如果自己不努力，没有谁会替你奋斗

181　谁也没有义务帮助你，你才是自己的真理

Chapter
07

第七章
无法改变世界时改变自己

186　方向如果不对，跑得越快离目标越远

189　很多时候，一个人的价值取决于其所在的位置

192　不要把命运交给别人来决定

195　不走出去，就不会知道沿途的风景有多美

198　用笑容改变世界，而不是让世界改变你的笑容

201　决定你未来的不是学历，而是你的态度

204　要么成为别人的榜样，要么找别人做榜样

207　如果最后只能跪着，那就用双膝奔跑

08

Chapter

第八章
你能走多远，取决于你想走多远

212　只有回不去的过往，没有到不了的明天

216　你决定成为什么人，你就会成为什么人

219　相信你自己，你配得上这样的阳光

222　时间就像一张网，撒在哪里，收获就在哪里

225　如果没有伞，你就要努力奔跑

228　只要勇敢一点，一切都没有你想象的那么难

231　自信就是不断尝试、不断失败后结出的果实

235　开花也许不会结果，但不开花肯定不会结果

238　只要不放弃，梦想就会一直在原地等你

第一章

心若没有栖息的地方，到哪里都是流浪

面对世界的喧嚣，我们都想为心灵找一片净土，可悲的是人往往收不住对外界过剩的渴求欲，习惯在世界捕风捉影的我们就像流浪的乞丐，没有栖息之地。也许，等我们把外面的世界都看尽了、走遍了，才会知晓人只有先照亮自己，世界才会改变。

伤害我们的不是别人，常常是我们自己

任贤齐唱过一首歌《很受伤》，让"很受伤"成为人们的口头禅。本来是被幸福笼罩的我们何以突然"很受伤"？或许是爱人背叛了我们，或许是老板训斥了我们，或许是与机会失之交臂，或许是遭遇了不期而至的挫折。其实不然，爱人走了还会有新的来，老板发发火转头就忘了，失去的机会或许只是无缘拥有，没有任何人和事会刻意伤害我们。其实我们也不应被轻易伤到，但是我们往往还是会痛得无以复加。

小东是我的老乡，我们的家在同一条老街上，我们儿时也曾一起愉快地玩耍。他是一个学习成绩很好的孩子，然而性格略微有些内向，见了陌生人会忍不住脸红，跌倒了会悄悄抹泪。小东的人生轨迹，是典型的好孩子的人生轨迹：从优等生变成名校生，考研、考博，然后做出留校的决定。他是学校最年轻的副教授，讲课不仅学生们爱听，连校长也常常旁听。当然，没有谁可以拥有所有人的拥戴，在掌声背后常常也有喝倒彩声。

小东和同事大涵在一本分量很重的国际期刊上联合发表了论文，很多人做梦都想登上那本刊物，然而能够如愿的可谓凤毛麟角。本来，小东和大涵都乐呵呵的，欣欣然接受了大家的赞美和祝福；可是好景不长，学校爆出了他们抄袭的传闻，前一刻还在点赞的人，背地里却开始对他们说三道四。那都是一些毫无依据的诽谤，小东和大涵也无可奈何，只好希望时间可以证明一切。

　　小东开始变得沉默寡言，哪怕一丝笑意都很少掠过他的脸庞。小东不止一次地对要好的朋友说："我辛辛苦苦写的论文，却被爱嫉妒的人传谣说抄袭，你说我是不是被害惨了？"小东开始封闭自己，不仅不见那些传谣的人，甚至连朋友都不肯见。有几次，我远远地看着小东，感觉他就像蜷缩着身体怕异物接近的刺猬。

　　奇怪的是，大涵却不一样，他根本不把谣言放在心上，整天还是笑模笑样的。我跟大涵也算熟悉，于是问他为什么不惧"抄袭门"，难道别人议论纷纷的话，他一句都没听进耳朵里？大涵笑着说："那些话像刺像刀，有着很猛的火力，我怎么可能感受不到？可是，我不会被莫须有的指责伤害，因为能够伤害我们的不是别人，也不是那些突然泛滥的流言，而是藏在我们心底那个脆弱的自己。"

　　我们总是容易怨天尤人，伤痛得无法呼吸，却不能像歌里唱的那样，淡然地对自己说："风雨中，这点痛算什么。"其实，痛只是一种个体的感受，有的人可以笑着从容面对，有的人可以咬咬牙挺过去，也有的人被痛彻底击垮了。痛并不是那么明确，我们体会到的伤害或许是被放大的，甚至是根本就不存在的。然而，我们经常只是略微感受到一点不适，就不管不顾地喊了出来。

　　很多时候，伤害我们的并不是别人，而是内心不够强大的自己。当我们面对顺境、赞美和爱情时，我们的脸上都乐开了花，甜蜜的心情直抵心窝，相信那是我们最喜欢的状态。当顺境变成逆境、赞美变成讽刺、恋人成为路人时，我们就以一副受害者的姿态出现。其实，并不是现实的环境、人和事伤害了我们，而是缺乏安全感的我们自己心理失衡，心绪的平静被打破，以致出现伤痛的表面病兆。

　　大涵还跟我讲了关于他的一段恋情的故事。那是一个非常温柔且上进的女孩。大涵和女孩的感情非常好，两个人租住在校园附近的一个干净的小区里，像很多甜蜜的恋人一样恋爱。大涵每天忙着学校里的工作，女孩经常畅想着，在未来的某一天，他们会拥有属于自己的房子，还有一对乖巧的儿女。大涵一直在攒钱和四处看房，首付和装修的钱最终也攒得差不多了，只是婚事一直都没落实。

那一天，大涵准备了钻戒和玫瑰，还找了亲友团助阵。可是出乎大家的意料，女孩没有接受大涵的求婚，拒绝的理由也不是"我没做好心理准备"，而是"我觉得我们不合适，你会找到更适合你的女生"。求婚被拒绝没什么，遗憾的是连未来的幸福也彻底破灭了。大涵的亲友团都以为他会难过，搞不好会借酒浇愁或者玩自闭。可是，大涵笑着对女孩说："谢谢你这么多年的陪伴，我也祝福你找到更好的意中人。"

后面的日子，大涵也整天神清气爽，完全不像刚失恋的人。有人给他安排相亲，他就屁颠屁颠去参加；相亲不成也不急，该踢球踢球，该看书看书。于是，有亲友就问大涵："你是不是傻掉了？求婚被打枪，你难道没感觉被伤害了？女友说变就变，你就没想过骂她几句，小小地报复一下，或者急吼吼地找个新欢？"

大涵淡然地说："她离开我，是因为她跟不上我的步伐，爱情有时候也是需要协调性的。"亲友又说了："难道不是你达不到她的要求，所以才被狠狠地踢出局了？"大涵继续回答道："这也是有可能的，如果自己不够优秀，却怪别人无情地伤害了自己，这又是什么奇怪的逻辑呢？"

不得不承认，在生活中，我们常常被伤得鼻青脸肿，心理上还要承受巨大的压力。然而其实许多伤害并不是来自别人，而是来自脆弱的自己，内心不够强大的自己。

晴天心语

　　避免受到突如其来的伤害，并非是与整个世界隔绝，也不是包裹自己的心房，而是让自己的内心变得强大，理性地看待生活中的突发状况。当意外的"险情"发生时，只要你不慌，能淡定地分析和应对，就能远离撕裂般的痛楚，从而不失继续前进的动力。

心静了，才能听到自己的内心

我曾经在东方山做过短期僧，除了没有像僧人般剃度，两周的生活和僧人无异。没有手机，没有电视，更没有联网的笔记本电脑，习惯的生活模式被彻底颠覆了。起初，我以为两周的时间很快就会过去，于是淡定地告诉自己，好好地参禅礼佛，和未知的禅宗世界来一次深度的接触。

寺庙里有一丛不知名的花，每天傍晚都会绽开新的花瓣。花开的时候，老方丈总会在一侧守候，安静地看着花朵绽放，恒久虔诚的模样仿佛是在佛像前。我笑着说："不就是一丛无名的花朵，天天看，也看不出什么新的花样！"老方丈摆摆手，说："你别看每天都开着差不多的花，其实看着这些花可有趣了。花开都是有声音的，每次聆听都是一种欣赏，仿佛听到了自己的内心。"

后来，我试图去聆听花开的声音，可是我根本听不到，入耳的只有倦鸟的啼鸣和杉树叶的窸窣声。就算我屏住呼吸，尽量离花近一些、再近一些，依旧没有花开的声音袭来。于是，我向老方丈抱怨道："花开哪里有声音，您这完全是在糊弄人。"老方丈淡然地说："心不静，你就听不到花开的声音，只会和尘世的嘈杂相遇。花开的声音，就像最隐秘的内心，是需要绝对的机缘才能相遇的。"

我们怀揣最初的梦想，走过沿途的千山和万水，见识过形形色色的人和事，然而梦寐以求的成功依旧遥不可及。走着走着，我们开始不知道自己要什么，久而久之，甚至连自己最初的梦想都弄丢了。总会有一些时间，我们陷入了巨大的迷茫之中。作家刘同就此专门写了一本书，名为《谁的青春不迷茫》。迷茫了，我们要做的不是无谓地吼叫，更不是抓狂地寻找发泄口，而是及时让心静下来。

那年，我抱着去远方流浪的心态南下，希望能看到更多不同的风景，特别是海边。如果说年轻人有什么宏图大志的话，那么看海就是我那段岁月里最大的愿景，从未谋面的海是最为让我心底澎湃的向往。于是，那一年，我有了一趟说走就走的旅程，第一次体验了坐火车的新鲜和激动，火车车窗外后退的风景像明信片般刻印在了我的心底。

当抵达东莞时，看到城市里的外来工都行色匆匆，我告诉自己：海，已经很近了，还是先找个饭碗要紧。很快，我找了一家印刷厂，做一名从零开始的学徒工。学徒是没有节假日的，每天还要加班到深夜，放工的时候累得不行，直接就趴在床上呼呼大睡。工作日复一日，但我的印刷技术提升得不太快，我不仅时不时挨老板的训斥，组长也经常给我脸色看。几个月后，我终于能独立上机操作了，可薪水还是少得可怜，而且疲劳感一直挥之不去。

于是，我炒了老板的鱿鱼，从前总是恶语相加的老板，突然变得和声细气，但我没有留下来。辞职后，我想到的依然是去求职，于是我跟一同辞职的同事一起，在东莞的各个工业区东奔西走。有时候东莞的太阳很毒，有时候暴雨又不期而至。路边的盒饭又贵又难吃，招聘单位也很少给我们好脸色看，就这样，在艰难的处境中，为了找到工作，我咬牙坚持着。

一天，我和同事从虎门一直步行到厚街，在不同的工业区里寻找机会。从虎门到厚街很远，而且我们走走停停，差不多从清晨走到了黄昏。在夕阳的余晖之下，我们两个人在厚街的街心花园休息，不知道未来的职业生涯在哪里，情绪不由得有些黯淡。这时，同事说："其实，虎门是有海的，我们从内地来的，连海都没有看过。"我平淡地说："其实，我也知道哪里有海，求职途中，哪里好意思邀你看海。"我们的惋惜声此起彼伏，后来，渐渐被越来越浓的夜色笼罩了。

或许有人说，错过不是一种过错，今天没有看的海，明天再出发便是。其实，我跟同事也是这么想的，可是没等到第二天起程去看海，我们便接到了用工的电话，入职之后，高强度的工作再一次扑面而来。新的岗位不至于没有休假，加班的程度也稍微要好一些，但是疲劳感依旧包裹着我们。穿越大半个东莞，去虎门的海边吹海风，对于疲惫不堪的我们来说应该还是有些奢侈的。直到我选择离开东莞，回到自己的家乡，看海的心愿都没有实现。

在回程的火车上，我突然意识到自己奔着看海而来，竟然连海的边都没有摸到，就一无所获地回去了。那一刻，纵使车厢内人来人往、人声鼎沸，我却依旧那么清晰地体会到一种错失了人生梦想和愿景的抑制不住的伤痛。当繁忙的工作成为记忆，当自己终于可以让心彻底静下来时，反而能够适时与自己的内心相遇，真切地感受到来自内心深处的声音。

晴天心语

周遭的环境或许是嘈杂的，城市的喧嚣扑面而来，工作的忙碌让我们迷茫。但是，我们应适时从生活中突围，不去看风雨和山水，不去理会车来车往，也不去掺和职场和商场的复杂，让心能够有静下来的时刻。只要心足够静，我们才会捕捉到自己内心的声音，最初的梦想才会再次浮现并被珍视，更好的明天才会徐徐展开。

心若安好，每日都是晴天

曾经，读过一篇题为《心晴》的禅文——

禅寺的禅师和比丘常有外出的机会，禅师常告诫比丘说"晴带雨伞，饱带干粮"。一天，禅师和一个叫释慧的比丘要外出，出门时是艳阳高照的晴好天气。禅师也不忘问释慧比丘："带上雨伞没？别让自己回头淋成落汤鸡，到时候又怨师傅没提醒你。"释慧比丘赶紧说："虽然次次带雨伞，还从来没遇到下雨，但是师傅的话怎能不听？对了，师傅，我还带足了干粮呢。"闻此言，禅师会心一笑，接下来便开始了行程。

天气真像孩子的脸，说变就变，本来还很灿烂的阳光转眼就不见了，淅淅沥沥的雨滴飘飘而下。然而，并不是所有人都提前备了雨具，被雨水淋湿的路人不计其数。看着路人淋雨的滑稽模样，在伞下悠然自得的释慧比丘说："谢谢师傅，是您的提醒为我撑起了一片晴空。"此刻，同样悠然自得的禅师笑而不语。

没多久，雨越下越大，仿佛要将整个世界淹没了。这时，长街上有一名赶路的老者，他已经被雨淋得湿了衣襟，忍不住开始瑟瑟发抖了。禅师见到此番情景，二话不说，将自己的伞让给了素昧平生的老者。当释慧比丘和禅师不得不挤一把小伞时，此前的悠然自得有了一丝狼狈的意味。

看着自己和禅师也雨湿衣襟，释慧比丘发起了牢骚："明明有一片晴空在上，为了素昧平生的老者，却让晴带雨伞的我们照样淋了雨。您不该让出您的雨伞，不备好雨伞上路，被淋湿是上天的惩罚。"

禅师淡淡地说："我的晴空一直在上，从来都不曾失去过。"释慧比丘疑惑地说："雨湿衣襟，还谈什么晴空在上？"禅师却说："雨伞撑起的不过是一片天晴的空间，而心晴的我心上不落一滴雨水，那才是真正的晴空。"

听禅师这么说，释慧比丘也让出了自己的伞，递给一位雨中无助的孕妇。

显然，晴与雨，只是天气的表面特征，气象上的晴空简单明了；心境上的晴空看不见、摸不着，但是有一种强大的支撑力，能让阴霾的世界永远照进一缕灿烂的阳光。

在 QQ 空间、微博、微信里，我们常常看到这样的话——你若安好，便是晴天。我们常常希望亲近的人安好，亲近的人安好便是晴空万里，这是一份真挚的祝福和牵挂。其实，更多时候，我们也应该更多地疼爱自己，让自己的心无波无澜。而心境的透明清澈是一种力量，足以让我们摆脱城市的雾霾和突如其来的风雨。晴是晴日，阴是晴日，日日都是晴日。

小眉是曾经和我一起合租的女孩，她大四快毕业的时候，搬到了我隔壁的房间。当小眉的同学忙着找工作，小眉却笑呵呵地说："工作难找，薪水太少，我准备毕业了就自己创业。"小眉没有足够的启动资金，东拼西凑才有了五千多块钱，还托我帮忙垫付了三个月房租，才得以让自己在夜市的地摊开张了。

我忍不住问小眉："你一个堂堂的女大学生，跟一群外来工一起摆地摊，你不会觉得悲哀难过吗？"我以为小眉会说一切事出无奈，谁不想坐在办公室里喝咖啡，摆地摊的日子只是个过渡罢了。可是小眉却笑着说："摆地摊有什么不好的，白天可以看书、听音乐，晚上就摆几个小时，这样的生活其实也挺好。"

　　我们不仅会放大自己的痛苦，也会臆想他人也是多么不幸福。可是，幸福是没有规则的，幸福不由旁人的眼光来决定，幸福源自于我们内心的取舍。当白领的女大学生或许快乐，摆地摊的小眉同样也觉得幸福，就像在禅师眼里即使没有伞，也不弄丢心底的那片晴空。

　　再后来，小眉的地摊生意越来越好，每天都有三四百元的纯利润，月收入超过了一万元，比她的许多同窗荷包还鼓胀。可是，好景不长，出于城市规划的缘故，小眉所在的夜市要拆迁了，她和其他摊主只能去别的夜市摆摊。新的夜市生意没那么好，而且离住处也要更远一些，可是小眉依旧笑眉笑眼地进进出出，赚了大钱和生意不济都一样。

　　"真是少年不识愁滋味呀！"我打趣小眉道。小眉接嘴说："你该不是说我缺心眼吧，明明愁死人了却乐开花。其实，生活中总会有这样那样的困难，就像不可能每日都是明媚的天气，也会有风暴来袭或者大雨倾盆的时刻，可是只要我们的心是安宁的，我们的脸上又怎么不能日日晴好呢？"

　　我顿时明白，或许我们不可以选择天气，但是我们可以选择心境。若心安好，每日都是晴天，心境的晴朗可以帮助我们走得更远、更从容。

晴天心语

不能改变糟糕的天气，就改变自己心底的气候吧！心的安好是一种乐观的态度，也是展示力量和动力的契机。美好的明天属于积极努力的人，而每一个真实而快乐的当下，自然属于心最宽的你。

过程是风景，结果是明信片

人生至少要有两次冲动——一场奋不顾身的爱情，一次说走就走的旅行。

这是在微博里面看到的句子，青春所有的美好仿佛说不清、道不明，然而这简简单单的一句话，却说出了青春的内涵和真谛。说到旅行，或许我们有太多的想法，规划着天南地北的旅程，幻想在他乡或异域像风一样自由。可是，很多时候，我们的梦在继续，脚步却还停留在最初的原点。说走就走，说起来简单，其实做起来需要莫大的勇气。

这个夏天，我曾经想要去湘西凤凰，到沈从文的故乡看风景。凤凰能有多远，其实不过是晨昏之间，凤凰的山水就可以尽收眼底。然而，各种无谓的琐事和担忧，让这段旅程只停留在言谈中。一场突如其来的洪水袭击了美丽的凤凰古镇，也让我的旅行计划彻底泡汤了。反倒是有友人在旅程中被困在了凤凰，撤退到吉首依旧无法脱身，但一直能够从容而淡然。最终脱困抵达长沙后，想到的也不是第一时间回家，而是开启另一段新的旅程。

还有一个潇洒的80后妈妈，带着自己七八岁的女儿，毅然奔向了高海拔的川藏线。当别人质疑孩子能否承受旅行的辛劳，当亲友担心孩子无法适应高海拔时，这对母子却抵达了一个又一个目的地，在空间、在微信里传播着旅程的快乐和绚烂的风景，让那些裹足不前的人好不艳羡。80后妈妈在微博里说，因为人生的过程是美好的风景，所以我们必须拥有一段段过程，最终才可以获得属于自己的最美的明信片。

谁都希望万水千山走遍，最终能拥有一张将风景幸福汇集的美丽明信片。可是，人生就像一趟趟的旅程，谁都不能越过时光直接抵达梦想的生命尽头。山路崎岖，一路坎坷也有一路风景，每一次俯视和远眺都是壮美的风景，然而攀登的快乐在于无限风光在险峰，在于"会当凌绝顶，一览众山小"的开阔与豪迈。很巧合的是，许多有名或无名的山头，都有一座金顶，神一般地存在。金顶是最高处或者最远处。站在金顶之上，那些曾经路过的风景将尽收眼底，而心境的豁然开朗也会让一路的攀登成为铭刻的记忆。也许金顶就像一张定格的明信片，而攀登的这一路却是抹不去的风景，也是这些抹不去的风景成就了我们最后的盛放。

关于婚姻，1年是纸婚，2年是棉婚，3年是皮婚……7年是手婚……20年是瓷婚，30年是珍珠婚，40年是红宝石婚，50年是金婚。缘分是一件很奇妙的事情，而姻缘更是可遇不可求的，共谱爱曲是一种约定，更是一种坚守。很多人为了爱情宁愿"受冷风吹"，也有人愿意"千万里追寻"，希望浪漫的求婚能捕获心上人。然而，虽然爱情是甜蜜惹人醉的，但婚姻的大厦不一定坚如磐石。金婚是美好的，可是又有几个人能等到头发白了、步履蹒跚了，还一起看星星看月亮，从诗词歌赋谈到人生哲学？

常常不到金婚，我们就挺不过明天，别说等到珍珠婚和红宝石婚，或许到了瓷婚就会被无情的现实击垮，甚至七年之痒就会让我们无法继续牵手。或许很多人都会说，最初我们也期待天长地久，可是情感的路走着走着就走偏了。其实，情感的维系不仅仅表现在多年以后的不离不弃上，也表现在岁月长河里久长的举案齐眉和相扶相携上。最美好的爱情，不是穿越风雨后的不离不弃，而是情感日积月累后的沉淀。所有爱的过程都是美丽的风景，而如红酒般甘醇的结果，却足以像明信片一样，沁人心脾，悦人耳目。

十年之前，一大帮文友会集在一家论坛，文学是大家沸腾于心的梦想。有人说文学是毕生的事业和梦想，不言不语的人也一刻不停地努力着，那些绽放在网络、报纸和刊物上的文字，就像我们日益丰盈的心情在膨胀。五年后出书，十年后有自己的粉丝团，更久些的某一天加入中国作协，未来的蓝图看似遥不可及，但是依旧温暖着奋斗的路程。可是，大部分人写着写着就倦了，不稳定的发表量和微薄的稿费，更是让满腔斗志化为乌有。很多人没有坚持到五年，十年后的愿景更像一场没有醒就结束了的梦。

当我站在十年之后的时间点上，身边曾经的小伙伴都走失了，突如其来的失落感泛滥成灾。十年之前，我和文友们一起享受创作的快乐，不管路有多远，我们都不拒绝每一次的相聚。五年之前，文学创作的路受到网络的冲击开始艰难，有人选择逐渐远离，而我越发热爱。三年之前，我开始酝酿出书，才发现许多小伙伴已然不再创作，出书的梦想也搁浅在了路上。两年之前，我出版了第一本书，接着又出版了一本又一本，慢慢也有了一些可称为粉丝的读者。想着那些不再笔耕的文友，我忍不住感叹现实的残酷——慢慢地，时间带走了最初的梦想。

其实，那些为了梦想坚持的日子，那些明明没有希望却依旧奔跑的时光，不正像旅行者路过的曼妙风景一样，因为有了沿路画卷般的山水，才会有最后完美的定格。

晴天心语

山顶的极致风光、终点的灿烂笑容、相守的甜蜜滋味，都来源于对过程的珍惜。只有从容地穿越了时光，通览胜景，体验爱恋，最终才能享受甘甜的结果——一张最美的明信片，而最美的明信片属于坚持、乐观、淡定的你。

没在一棵树上吊死，却在森林里迷了路

人生是一段段走走停停的旅程，不管是迎风歌唱还是在雨中漫步，我们心底都不愿忘却梦想的远方。

天涯何处无芳草，何必单恋一枝花。关于爱情，我们总是被劝诫，不必在一棵树上吊死，不妨多挑几棵来试试。可是，我们不是树，如何能知哪一根枝丫才能支撑起所有的希望和梦想。于是，当我们告别了一段不舍的恋情，开始周旋在不同的恋人中时，却不知道哪一个才是真爱。

"你站在桥上看风景，看风景的人在楼上看你。明月装饰了你的窗子，你装饰了别人的梦。"爱情有点像兜兜转转的游戏，我们在不断地寻寻觅觅，又在不断失去牵手的机会。没有选择是可怜的，在一棵树上吊死是悲剧，可是当喧嚣取代了安宁，我们何以从容选择一起走下去的那个人？

偶尔，我们会带着点幸福的小烦恼说"真的挑花了眼"或者"到底选谁好呢"。总有一些节点，我们在错过一棵树后，走向了更大一片森林，在森林里经历了预料之外的迷失。乱花渐欲迷人眼——那不是一种真实的拥有，而是一种虚假的幸福感。虚假的幸福总不会长久，在犹疑之中，迎面的风景转瞬即逝，只会空留些许挥之不去的遗憾。

其实，爱情不在于追逐或沉溺于刹那的虚荣，而在于适时地做出正确的选择。弱水三千只取一瓢饮，并不是所有的莺莺燕燕都是你的菜，你再潇洒、再有才气或多金，也不可能赢得每一个人的心。爱情是一道单项选择题，不管你拥有多少选项，最终你只可以选择一个，与其陶醉于选项的丰富，倒不如不拖沓地做出抉择。

那一年，老乡小弯揣着几百元人民币，从偏僻的小山村来到高大上的省城。当时的他一门心思想在省城做点小生意，谋划着从一点一滴做起，慢慢越做越大，最后成为富甲一方的企业家。可是他的口袋里只有几百块钱，勉强租了间简陋的小民居后，他就没有什么生活费了。最初，他东拼西凑借了一些钱，摆个小地摊也不见进账，反倒是钱越来越少。慢慢地，小弯借不到钱了，又没有勇气就此返乡，于是，他放弃了"打死也不给别人打工"的"誓言"，开始走街串巷地找起了工作。

比起拿着借来的本钱做生意，劳务市场里其实还是有很多工作机会的。挑着挑着，小弯就有些拿不定主意了，当最初的梦想开始走偏时，如何挑一条新路成了难题。小弯给父亲打电话诉说了自己的烦恼，父亲说话很直："你没在一棵树上吊死，难道要在森林里迷路？别想东想西，先想想你的腰包和肚皮吧。"当真的决心选择一份工作时，小弯才发现最容易入职的几乎都是营销类的行业。

人生就是这样，本以为面前的选择很多，真正选择时却并不那么潇洒。小弯硬着头皮去应聘了业务员，拿低得不能再低的底薪，去争取希望渺茫的高提成。最终，小弯加入了一家医药公司，向各地的医院推销药品和医疗器械。最初，小弯的工作自然很难打开，没有一家医院会轻易订货，而可怜的薪水只够他勉强维持房租和生活费，甚至都不敢吃得太饱或太好。可是，既然做出了选择，小弯就没准备轻易放弃，当认定第一条路不可行时，就不能轻易地抛弃第二条路，因为谁又能保证第三条、第四条是好走的路呢？

有时候，在诸多选择中突围时，需要一点点智慧和勇气。也许选择之后，我们不再拥有曾经丰富的选项，但是我们却可以怀着无畏的心，朝着更远的远方积极进发。放弃了一棵树，却赢得整片森林，这无疑是上天的恩赐。但是，珍惜这份恩赐需要的是一份果敢，生活中磨磨叽叽的人不讨人喜欢，而机会也不会眷顾蹉跎的人。与其在拖延中任机会流逝，不如适时地选择新的旅程。

在行走的路上或许会途经美妙的阳光大道，或许要越过无数独木桥，然而谁又能否认抵达就是一种快乐呢？有时候，我们难免会走进一条不得不回头的死胡同，人生甚至有重新来过的遗憾和凄惨。但是，当行程再一次开始，我们完全不必陷入选择恐惧症，曾经的失落、失意和失败都是过去，那不足以阻碍我们重新做出抉择。不管前方是幸福还是挑战，只有毅然地迈出新的一步，才能迎接未来的神秘和精彩。

没有风浪，就不能显示帆的本色；没有曲折，便无法品味人生的乐趣。生活毕竟不像考场上的试卷，并没有放之四海而皆准的答案；同时选择又是一件非常有趣的事情，当我们不再犹疑做出选择时，我们的人生就会像发生化学反应般生出预想不到的奇妙效果。其实，如同一趟说走就走的旅程，前路的不确定才是最大的乐趣，勇敢选择，迈出脚步，最初的梦想可能就在前方。

晴天心语　　没有选择是让人懊恼的，而当选择变得复杂，又会让无从下手的我们陷入犹豫不定之中。关于青春、关于情感，深思熟虑自然是没有错，但是勿因迟疑使机会溜走。与其给人生留下抹不去的遗憾，倒不如跌跌撞撞迎着曙光走，没有什么比起程出发更值得欣慰。

微小的幸福就在身边，容易满足就是天堂

幸福在哪里？有一段时间，心情郁闷的我一遍遍追问自己，直到筋疲力尽，仍然没有答案。难道幸福就这样不知所终，悄无声息地消逝了吗？坦白说，我有些不甘，就像迷宫中的人期待寻得出路。

于是，我开始策划一次漫长的旅行，希望在远方找寻幸福的所在。远方蕴含着无限可能，未知的人、事或物让我们感到新鲜，我的内心甚至笃定幸福就在遥远的山川或草原，哪怕是一抹纯净的朝阳都会带给我巨大的幸福。

然而，在通往车站售票点的路上，我遇到了省摄影协会的黄老。黄老显然看出了我情绪低落，他也没多说多问，只是捧出摄影包里的相机，让我将眼睛凑到取景框前，然后语重心长地说："其实，幸福就在身边，幸福就在眼前。"接着，黄老还给我讲了他自己的故事——

一年前，省摄影协会组织部分摄影家去西藏采风，黄老也在受邀之列。当时，黄老刚好遇到了自己创作灵感的"干涸期"，期望此次西藏之行能够拍出优秀的作品，进而找回失去的创作感觉。西藏的风景吸引了所有人，可是在其他摄影家纷纷摁下快门时，黄老的手和思想却一并僵硬了。在其他人收获丰足的时候，黄老却尴尬地一无所获。

回来后，黄老依旧陷落在"江郎才尽"的落寞里。黄老漫步在熟悉的公园，落叶缤纷使秋意更显得恣意。秋意的低调也契合了黄老当时的心境，

于是他自然而然地举起了相机，摄下了当时的景象。从暗房出来后，黄老被照片上的秋韵惊呆了，他明白，自己终于找到了创作的成就感和幸福感。在随后的摄影大赛中，黄老的作品获得了唯一的一等奖。

"美就在我们身边，幸福其实也一直环绕着我们的生活，只是我们缺乏一双发现美的眼睛和一颗懂得把握幸福的心。"黄老的话无疑让人醍醐灌顶，使我豁然开朗。

我放下行囊，心平气和地梳理自己烦躁的心绪。我安静下来后，突然发现幸福其实一直包围着我，甚至无所不在：个性倔强的女友爱耍脾气，但是她的那份爱热烈而久长；老总虽然当众批评了我，但发给我的奖金却不减反增；一篇中篇小说没能通过终审，然而新写的一批千字文却在全国各地的报纸副刊发表了……

母亲常常说："人要惜福。"也许是因为有了太多的不如意，使心境灰暗的我们也失去了发现幸福的能力。有的时候，走向远方顶多是一种逃避，梦寐以求的幸福未必会在陌生的地方绽放。而真正懂得珍惜的人，只要看看身边的人、事或物，静下心来细细体会，便能感触到幸福的存在。

或许有些幸福微小得几乎被我们轻易忽略，然而微小的幸福也是幸福。摄影家不可能总拿金奖，作家获得诺贝尔的概率微乎其微，和女神来一次浪漫的邂逅仿佛难以启及的梦。并不是我们要拒绝幻想，只是在仰望星空的同时，也不要忘记适时看看我们身边的微笑与幸福。

老禅师曾经接待过一个年轻人："施主，到底有什么样的烦恼，让你在佛的面前依旧放不下呢？"

年轻人道出了自己心中的郁结："我的工资低到连交个人所得税的机会都没有，按揭购买的房子在远离城市中心的城乡结合部，女朋友也没有刘亦菲、林心如那般清纯的美貌……"

年轻人继续郁闷地说："我想让佛告诉我，为何我就如此倒霉、如此不顺？"

老禅师笑着说："施主，你有稳定的工作、现成的房子和相爱的女友，你要比当前许许多多的年轻人强得多呢！"

年轻人回答道："我知道您的意思，您认为我不知足。可是，不正因为人生不完满，才会感到不足吗？"

老禅师却说："纵使工资很高、房子很好、女友很美，你依旧会认为工资可以更高、房子可以更好、女友也可以更美。满或者不满，其实是相对的；足或者不足，也是可以自行选择的。"

年轻人若有所悟地说："满或者不满，人生都在那里；足或者不足，欲望都在那里。"

不难看出，禅所说的"满"，其实更是心境的圆满和完满。因满而足，当人生的"满"不再囿于表面的得与失时，我们收获的快乐和幸福才会很"足"。

其实，关于幸福的满足与否，不仅跟我们的努力争取有关，也跟我们对幸福的感知和接纳程度有关。幸福有巨大的，也有微小的，但是没有谁的幸福是完满的，甚至常常伴随着遗憾的。很多时候，微小的幸福就环绕在我们四周，可是我们却因视而不见以致陷入悲伤。

当寻找幸福时，如果我们东张西望、挑三拣四，那么幸福感就会降低；反之，当我们开始变得容易满足，对周遭的微小幸福都能感知并铭刻在心，那么信心和勇气就会充盈心间。当下的生活是平淡的，但是这又何尝不是天堂般的美好？

晴天心语

满足不是妥协和示弱，满足也不是撤退；满足在于珍惜那些微小而真实的幸福。触碰并抓牢那些容易被忽视的幸福，能够让我们重新拾起已然忘却的信心和勇气。

活在别人的剧本里，就永远找不到自己

有幸认识一位著名诗人，他不仅诗写得美，还是有名的网络活动家，同时在几家文学论坛担任超级版主。

刚结识之初，这位诗人就盛情邀请我在 A 论坛担任版主。在现实生活中，我从未谋得过一官半职，没机会为大众服务。转念一想，为网友服务也挺不错，我便欣然应承下来。其实，论坛里的版主只是一份闲差，而且一份闲差还由几个人合力来干。坦白讲，版主的工作并没有影响我日常的工作和生活，顶多算是我生活中的美好点缀。

没多久，诗人又邀请我去 B 论坛担任版主。我思考后，没有拒绝，还是一口答应下来。泡一家论坛是泡，多泡一家又何妨？又没过多久，诗人再次邀我去 C 论坛担任版主，我开始有了"乱花渐欲迷人眼"的感觉。当然，再多一份网络闲差，也不至于是莫大的负担。我再次接受了诗人的好意，每天在三个文学论坛间游走不停。

不久前，诗人被 A 论坛从超级版主的位置贬下，甚至还给予长达一个月的禁言。很多版主纷纷为诗人鸣不平："论坛不该如此对'超版'，真是让人寒心！"许多版主还表示："从今天开始，我们不再行使版主的权利，以示对'超版'绝对的忠诚和拥护。"然而，论坛与诗人的纷争，大家并非尽知详情，是与非也并不是真的那么泾渭分明……

当我照常在论坛履行版主职责时，其他版主便来问我："你是'超版'

提拔起来的，难道不该以行动支持他吗？"我笑着说："版主是我在论坛的职位，虽然确为'超版'引荐或者分派，但是在彻底放弃职位之前，认真履行职责是对自己负责。倘若连对自己负责都做不到，随意被左右、被捆绑了思想，相信也不会被'超版'欣赏。"

其实，我更想说的是"可以左，可以右，不可以被左右"。拥有独立的人格和独立的判断，是一种不可或缺的品质，哪怕我们一度被牵引，也不会失去正确的方向。

有时候不得不承认，我们的人生被别人预写了剧本，我们学习、工作一路奋斗，很多都只是别人剧本里的情节。父母希望我们念名校、当医生、做律师，或者出国镀金回来后拿一份令人艳羡的高薪；老板希望我们成为公司的顶梁柱，于是我们按部就班地从新人做到元老，从被管理者干到管理者；女友希望我们帅过吴尊、古天乐，武功好过成龙、李连杰，脾气好得又像不老男神林志颖……甚至周围投来的每一道目光，都成为衡量我们行动的标尺，使我们小心翼翼、规行矩步。

可是，平凡的我们不喜欢活在别人的剧本里。即使别人的剧本真是一部大戏，主角也永远都不是我们，我们不过在费力跑龙套，很难找到真实的自己。演一出别人的大戏，最后却弄丢了最真的自己，这何尝不是得不偿失的"买卖"？也许我们暂时没有属于自己的剧本，或者我们的剧本只能小成本制作，可是只要我们能够倾情扮演自己的主角，就算没有掌声，也能酣畅淋漓地做好自己。

有个作家朋友写了一部中篇小说，迫不及待地投给相熟的编辑，编辑自然是提出了修改意见。改稿是创作过程中不可或缺的部分，且辛苦而烦琐，改来改去，作家朋友被累得够呛。细细一数，大改小改，改了差不多十七八次；然而编辑丢过来的还是那个冷冰冰的"改"，还说："好稿不厌百遍改，改好了才能上刊，上刊了才能引起各方关注。"

可是，作家朋友渐渐地有些泄气了："难不成非要我改它一百次？有那个工夫我何不再写一部新作品。"接着作家朋友还发现，编辑要求的修改思路飘忽不定，改来改去改得跟最初的指导意见相左了，甚至要求小说主线都要改换，这无疑是全盘推翻的节奏。作家朋友不愿被牵着鼻子走，虽然不至于发火但是语气坚决地说："谢谢关照，我不改了，改来改去，都不是我自己的作品了。"

后来，那部中篇小说几乎一字未改地发表在了某同类杂志上。对于作家朋友来说，发表不过是稀松平常的事情，但是想到那些改来改去的煎熬时刻，他顿时有了些许释然的感觉。编辑或许是好心好意，也可能是真心实意，然而就算是文学创作，也没人愿意被人牵着鼻子走。妙笔生花不是为了获得某个人的欣赏，从"心"出发的真我创作才是最大的快乐。要是最终用修改换来了发表，但是跟最初的模样相去甚远，甚至丝毫没有个人的风格，那还会是自己骄傲的作品吗？

晴天心语　如果人生是一出剧，最大的快乐莫过于自编自导自演，甚至不担心自己是唯一的观众。如果不想活在别人的剧本里弄丢了自己，要么礼貌地选择退出，要么霸气地说罢演就罢演，过回自己的日子，才是最精彩的快乐逆袭。

对自己好一点，因为一辈子很短

　　有一句歌词说："再不疯狂我们就老了。"就算是不老男神林志颖，淡定地说着"我对时间有耐心"，依旧无法抗拒岁月真实的流逝。容颜不老只是属于林志颖的神话，而这神话总有一天会成为回忆，谁都会走向白发暮年的岁月。想到这些，或许有一点点忧伤，可是生命就像缤纷的四季，有过春日的萌发、夏天的灿烂、秋季的丰硕，也必将有冬日的凋落。可怕的并不是容颜生了皱纹，而是还没出发心就蔫了。人的心田不可能永远天真无邪，在世事沧桑、风云变幻中，我们不得不接受成长。

　　子在川上曰："逝者如斯夫，不舍昼夜。"对时光敏感的人，自然听得见时光流动的声音，而灵魂深处对旧日时光的眷恋，也会像海浪般拍打着心田。时光荏苒，岁月如梭，佳期如梦。总有一场花事是想了又想、念了又念，却总在无谓的忙碌中错过，不过空留一地凋零。月圆月亏，月升月落，月华如水，寂寞也如水。总有一些要见的朋友没有见，一些想说的话说不出口。苦也不说苦，痛也不喊痛，把伪装的笑容送给周遭的人，唯独把悲伤留给自己。直到有一天，短信里出现一行冷意缱绻的文字：一辈子很短。想想何尝不是如此，一辈子转瞬即逝，时光悄悄从指缝溜走。于是，不禁有些心疼地对自己说："对自己好一点。"看花看海，与要好的朋友相聚，对爱的人表达温情，让亲近的人明白自己的疼痛。对自己好一点，这样才不枉隽永年华，也让时光变得充实厚重。

　　无论曾经多么刻骨的记忆终将成为过去，葬身于时光的海洋，只留下些许碎片。曾经，我不小心弄丢了一段恋情，恋人渐行渐远，甚至从熟悉的城市离开了。男儿有泪不轻弹，但在寂寞的时光中却也免不了泪湿枕巾。当记忆定格到了追不回的过去，连晴空都是黯淡的，浪漫的满月也透着哀伤，亦把那些中意自己的女生忽略了。心系过往，就看不到未来，就像驾驶者盯着后视镜，不仅看不清楚前路，弄不好还会迎来祸事。如果只顾着眷恋过去，沿路的风景再旖旎都会错过。对自己好一点，因为一辈子很短。逝去的时光就让它随风而去吧，就算曾经如何沉醉其中或者爱不释手，一旦不再拥有就应懂得放下。潇洒地给往事一抹安好的微笑，让当下拥有一份从容自在的洒脱，珍惜当下的一抹暖阳、一缕清风或一丛花香。或许我们无法拥有全世界，你的家人、恋人、你所爱的就是你的全世界；你坚持的那份梦想，无论远近，就是你的全世界。我们不一定能怀抱整个世界，但是对自己好一点，就能拥抱属于自己的世界。不贪念，不奢求，不固执。

　　钱不是万能的——钱可以买来美味佳肴，却买不来好胃口；钱可以买来房子，却买不来温馨的家；钱可以买来物质，却买不来真感情、买不来健康，也买不来与逝去的亲人共度的时光。《菜根谭》中说过："心无物欲，即是秋空霁海；座有琴书，便成石室丹丘。"大意是，人心若不被物欲捆绑，心情就会像秋天的碧空和平静的大海一样宽阔明朗；而生活中若有琴棋书画的陪伴，日子便会像神仙一般逍遥。显然，幸福和物质没有必然的关联，而把握幸福绝对是一种能力。对自己好一点不是追逐灯红酒绿，不是迷恋奢侈品，也不是一定要享用鲍参翅肚，而是安静地呼吸、安静地生活、安静地思考。一辈子很短，虽然我们不能像伟人一样亲历惊涛骇浪，至少可以离世俗远一些、离自己的心近一些。

　　幸福不是物质，不能被量化。幸福是一种美好的个体体验，不要拿自己的幸福与别人比较。幸福不是口袋里的钞票，不是钻戒或跑车，幸福也不是房子的地段或面积，幸福是心底那一抹无法取代的阳光。一辈子很短，比较只会让时间蹉跎、让幸福失色。就像你无法感知别人深入骨髓的痛，你也不会真正拥有别人虚华的幸福。一辈子很短，离别人的幸福远一些，不远眺、不仰望，也不怨怼；对自己好一点，离自己的幸福近一些，不灰心、不挑剔，也绝对不抛弃、不放弃。

一辈子很短，对自己好点吧！嘴角轻轻上扬，用明澈的眼神看世界，用诗意的心境走过年华，活出自在的人生，拥有属于自己的碧海蓝天。

晴天心语　　对自己好一点，绝对不是自恋，而是一种自爱。一辈子匆匆而过，唯有自爱才能懂得进取和珍惜，唯有对自己好一点，才能够拿得起、放得下，让自己千山万水走遍之后还能凭栏静看绚烂的风景。

你是阳光，你的世界便充满阳光

有一段时间，这座城市的人才市场都被我跑遍了，许多写字楼也留下过我来去的身影。可是我依旧只能待业在家，穷得连吃饭都成问题。身处那个租来的只有几平方米的"家"中，常常让我感到透不过气来。小区附近有个不大的广场，有伴着《小苹果》的音乐跳舞的大妈，也有悠闲散步的老人和玩耍的孩子们。那样的环境虽然有一点嘈杂，但是比起出租房的寂寞来说要好得多。而且当我陷入思考或者不想说话的时候，一般也不会被人打扰。

一天，我照旧坐在广场的一个石凳上，求职未遂的阴影让我难言快乐。看着跳舞的大妈和熙熙攘攘的人群，我的心如死水一般沉静。远处有个正在写生的八九岁的小女孩，好像是小区邻居家的孩子。我忍不住想，世界在她的笔下到底是什么样子？会不会所有的丑陋都被美好取代，连城市的烈日和暴走的狂风都变得温柔了？相映之下，我的心底却阴霾丛生，当需要工作时，我却一次次地吃了闭门羹。

当夜色渐浓的时候，我准备离开喧闹的广场，回到寂寥的家中。这时，小女孩拿着一张画纸，从远远的地方飞奔而至。我立刻意识到自己成了小女孩写生的模特，傍晚时分的我就落在了她的画纸之上。起先，我只隐约看到自己的轮廓，确实有几分相似。可是待我仔细观看后发现，画纸上的我显得既熟悉又陌生——那不是朝气蓬勃的我；而是被巨大的愁云笼罩着，曾经阳光的脸也因这阴云失色不少。

"哥哥就是这样一个丑八怪呀？"我忍不住跟小女孩开起玩笑，"你不可以让我更帅气些吗？"这时，小女孩的妈妈走了过来，笑着说："小伙子，不是我的女儿没画好，只是她不懂得美化罢了。画纸上就是你真实的样子，你的心底乌云密布，脸上自然就没有阳光。不管生活中有什么挫折还是不如意，何妨给自己一个微笑呢？微笑是最好的装扮、最好的化妆品，你的心底若是充满阳光，所有风雨都会被驱散，整个世界也会铺满阳光。"

这一番话使我醍醐灌顶。虽然我还在继续求职、继续在未知中等待奇迹的降临，然而我却不再那么灰心和绝望，而是变得更加自信、积极和乐观。之前那个忧郁的自己有点让人担忧。当愁云占据了紧蹙的眉心，帅气的容颜也大打折扣。更重要的是，当你忧郁的时候整个世界都一起忧郁，而当你乐观的时候整个世界也随之格外明媚。与其在忧郁中黯淡下去，倒不如在明媚中灿烂，美好的机会也愿意眷顾有所准备的人。

后来我被一家公司录用，而且是一家曾经拒绝过我的公司。入职后，我兴冲冲地问人力资源部刘主任："为何此前不是我？为何今日又选择了我？"刘主任淡淡地说："之前的你平凡而忧郁，像一朵在角落里羞涩开放的牵牛花，让我没有选择你的任何冲动。而今日今时，你就像一朵灿烂的向日葵，就算是看不到阳光也会努力开放，这让我不仅看到了你的个人魅力，更感受到了整个世界的美好。"

心底的阳光，绝不会仅仅温暖那一小片心房，而是会将暖意由内而外散发出来。当我们的心是暖的时，我们的脸庞自然就暖了，暖得像三月的春阳，有一种沁人心脾的气息，比花更香、比蜜更甜。心暖的人，不仅可以在画纸上留下美好的容颜，更能传递出一种正能量，让周遭的人被感染和被鼓舞。很多时候错失机会，我们不是输在自己的实力上，而是输在信心的缺失上。信心就是助推成功的源动力，就是贯穿漫长前路的阳光，信心鼓舞我们出发，推动我们抵达目的地。

就像小女孩的妈妈说过的："你若是阳光，你的世界便会充满阳光。"心底的那抹阳光，不仅会温暖脸庞，更会温暖自己的整个视野，你透过眼眸所见的处处都是阳光明媚。风是阳光，雨是阳光，连不期而至的雾霾，都有着阳光的味道。阳光遍布，并不是让我们从现实抽离出的假象，风、雨或雾霾当然还会真实存在。阳光驱走的是灰暗的情绪，最终让我们得以看见更美的画面，拥有更好的心境。

或许我们很多时候无法改变世界，但是我们可以换一双看世界的眼睛。心就是一个安放情绪的容器，如果阳光多一些，那么风雨或雾霾就会少一些，如果积极、乐观的因子多一些，那么颓废、失落的因子就会少一些。你是阳光，你的世界就遍布阳光；你是爱，你的世界就被爱包围；你是真，你的世界就没有虚伪的存在。反之，如果被无端的抱怨、仇恨、挑剔和自卑占据，或许别人的天堂不过是你的地狱。

一念天堂，一念地狱，你的心在哪里，你的世界就在哪里。

晴天心语　　心里想着什么，看世界就有什么。心里有阳光，你的世界就充满阳光。心里若是乌云，你的世界就布满阴霾。你的世界由你自己做主，你的选择决定了你的成败，也决定你的世界是否精彩。

第二章

迷惘的才是青春，疼痛的才是爱情

青春的我们总是急于做出选择，急于得到一个结果，奔忙之中，我们被欲望遮住了眼睛，看不见天地，看不见众生，只看得见自己。剑走偏锋，就会伤人伤己。但是，没有过错的青春是回味起来是寡淡的，青春也许就是用来折腾的，折腾够了我们才知道哪条路走起来才最平安。

选择太多时容易迷惘，追求太多时容易迷失

旖旎和小曼是我认识的两个女孩，都是单身等待姻缘的女孩子——

旖旎是个喜欢浪漫的女孩子，一次赴日旅游她邂逅了自己的白马王子，开始了漫长的马拉松似的爱恋。旖旎的爱情观是"心仪就是一生"，所以她的爱专一而坚定不移。

小曼是旖旎的闺中密友，两人形影不离，无话不说。小曼和旖旎一样，也期待着美妙的爱情，将来能和相爱的优质男人度过幸福的一生。可是，小曼对旖旎的爱情观嗤之以鼻，还说旖旎是"单恋一枝花"，没有给自己足够的回旋空间。在小曼的心底，她认为年轻的爱有太多变数，托付一生的男人理应在寻寻觅觅之中。

小曼也是漂亮的美眉，她的追求者也数不胜数。经常有花店的工作人员为小曼送来鲜艳欲滴的玫瑰花，花瓣丛中准有一个爱慕者的卡片。小曼对玫瑰花照单全收，还插进了家中的花瓶。

小曼不拒绝玫瑰，并挑选了三个不同类型的男孩试着交往。旖旎看着小曼和三个男孩交替约会，看着小曼和每一个男孩逛街、牵手和拥抱，反复地演绎着热烈的恋情。小曼的花心让旖旎担心又不满，她时不时劝小曼要尊重爱情，不要陷入无谓的爱情游戏中。小曼却满不在乎地说，玫瑰花开两三朵有什么不好，21 世纪的爱情是多项选择。

小曼还理直气壮地说，自己同时和三个男孩交往，不仅享受了不同男

性的温柔，也提高了爱情的成功率。旖旎对小曼的"高效"恋爱不以为然，还声色俱厉地警告小曼，不端正的爱情态度不仅会伤人，也会伤害自己。小曼却反过来"讥笑"旖旎，不多找些爱情替补，到时候受伤的是愚蠢的自己。

　　小曼的三个男朋友先后知道了对方的存在，也了解了小曼的爱情观，纷纷避之不及地离开了她。除了其中一个和小曼一样的男孩，"玫瑰花开两三朵"，把爱情当成一场游戏一场梦。其他两个男孩都伤心不已、愤慨不已，相爱的人即刻成为不共戴天的敌人，几乎造成了剑拔弩张的局面。

　　小曼在爱情闹剧结束后，顿时感觉生活索然无味，也开始抗拒新的恋情的到来。而一心一意的旖旎最终和自己的白马王子喜结良缘，蜜月在他们相识的日本北海道拉开了帷幕。

　　表面上看，选择多是一件好事，也是个人实力的体现，就像不管多大年纪的女生，都希望自己的石榴裙下能多几个崇拜者。可是，弱水三千只取一瓢饮，再优秀的女生也不可能每个都爱，爱情的选择题也是不得不过的难关。当选择太多时，常常更不容易做出选择，像小曼那样"玫瑰花开两三朵"，便是选择上的迷惘表现。当陷入迷惘的小曼不懂选择，谁都不想放弃谁都想选择，最终只落得人人受伤的局面。

　　孩提时代，我就很热爱体育项目，最喜欢的就是体操。我住的地方，离李小双的家很近，我常常看到大不了我几岁的李小双，还有他的孪生哥哥李大双在训练。看着他们杂耍般的体操动作，我恨不得自己也能在单杠、双杠或鞍马上"飞"起来。再后来，我又认识了一个省里的象棋冠军，我疯狂地迷上了楚河汉界的世界，"马走日，象飞田，炮打隔山……"的口诀，让我对对弈兴趣日益浓厚。而我的叔叔是工艺美术大师，他又希望我能够接他的衣钵，于是我又开始了对美术的追求。

体操、象棋和美术的同时推进，对于一个六七岁的孩子，俨然是难以翻越的三座大山。三个项目我都在坚持，每天累得上气不接下气的，连歇下来看看连环画的时间都没有，更不要说躲在妈妈的怀里撒撒娇。有一次，妈妈关切地询问我："勇子，你真的喜欢这些吗？我告诉你，你要选择一个你真正感兴趣的，甚至是你一辈子都会热爱的，这样你的选择才是有意义的。"

当我重新思考自己的兴趣时，我竟然不知道自己热爱什么，好像体操、象棋和美术都不是最爱，甚至最初的那份热情也消失殆尽。妈妈似乎看透了我眼里的犹豫："如果你的兴趣成为你的负担，或者越来越多的追求让你迷失，倒不如把一切都放下吧，让自己的心重新做一次选择。"当别的妈妈都逼着孩子参加各种兴趣班时，我却一次性退出了全部兴趣班。当日子变得轻松，我的心也跟着变得轻松，那些曾经的坚持和迷失恍然如梦。

不难看出，我现在的职业跟那些兴趣都无关，那些只是在我孩提时代被叫停的选择。在后来的人生里，我从来不会盲目地选择，找恋人不会"玫瑰花开两三朵"，人生的志向也没有一变再变，除了一份聊以糊口的工作，我所有的兴趣都在文字上，所有的业余时间都用在了创作上，对于其他甚至连浅尝辄止都没有过，唯有在文学路上越走越宽，虽然成绩也并非那么耀眼，但是毕竟我在不断前进。

晴天心语　在选择中迷惘，在追求中迷失，都是因为选项太多。有选项本来是一件幸福的事情，然而切不可让选择束缚了自己，让好端端的幸福变成困惑。选而不慌，择而不忙，才能让我们看清方向，最终从容地踏上正确之路。

总有一些爱，注定是用来辜负的

"未哭过长夜者，不足以语人生。"留下这句哲理箴言的是托马斯·卡莱尔，他是 19 世纪苏格兰评论家、讽刺作家、历史学家，代表作有《法国革命》《论英雄、英雄崇拜和历史上的英雄业绩》《过去与现在》。他的作品在维多利亚时代深具影响力，到了 21 世纪的今日，我们依旧习惯称他"文坛怪杰"。

托马斯·卡莱尔有一个众所周知的爱情故事，不过他最终扮演了"辜负者"的角色：家境不错的简·威尔斯是个聪明又迷人的姑娘，由于倾慕托马斯·卡莱尔的才华，她放弃了很多待遇不错的工作，选择做托马斯·卡莱尔的秘书，日日夜夜陪在他身边。托马斯·卡莱尔被简·威尔斯打动，两人决定共结连理，成了一对幸福的小夫妻。

婚后，简·威尔斯并没有"退居二线"，而是继续做托马斯·卡莱尔的秘书。后来，简·威尔斯不幸染病，全身心投入写作的托马斯·卡莱尔太粗心，没有及时照顾操劳的简·威尔斯。甚至在简·威尔斯病倒后，托马斯·卡莱尔也依旧以自己的写作为先，很少抽时间去陪伴病妻。

简·威尔斯去世后，托马斯·卡莱尔悲痛莫名。一天，他来到简·威尔斯的房间，坐在她床边的椅子上，看到床头柜上放着简·威尔斯的一本日记，便顺手拿起来看。看了一些后，他震惊了，他看到她这样写道："昨天他陪了我一个小时，我感受到天堂般的幸福，我真喜欢他总这样。"

他意识到自己忽略了很多。一直以来他都把精力投入到工作中，对妻子那么需要自己竟全然不知。然后，几句令他心碎的话映入眼帘："我一整天都在倾听，期望大厅里能传来他的脚步声，但是现在已经很晚了，我想今天他不会来了。"

托马斯·卡莱尔又读了一会儿，然后放下日记本，冲出了房间。朋友在墓地找到他时，他满脸泥浆，眼睛哭得红肿，泪水不停地从脸庞滑过。他反复念叨着："假如当初我知道就好了，假如当初我知道就好了……"但为时已晚，托马斯·卡莱尔深爱的简·威尔斯永远离他而去，他陷入了辜负爱妻的懊恼中。

爱妻的离去让托马斯·卡莱尔备受打击，悲痛欲绝，这也是意料中的事情。总有一些爱，注定是用来辜负的。而在爱情的世界里，有一些当事人却后知后觉，甚至不会为自己辜负了别人而懊恼，甚至会漫不经心或洒脱无比。然而，辜负不该成为人生的标签，一生也没有那么多的爱，是可以用来随意辜负的。

托马斯·卡莱尔丧妻后，他几乎彻底放弃了创作，再也没有任何新的作品问世，深刻的历练让他留下了开篇的那句哲理箴言。"文坛怪杰"的"提前退场"着实让读者遗憾，用时下流行的话来说，这实实在在伤了广大粉丝的心，也辜负了粉丝们对他一如既往的热爱。

小杰克就是广大粉丝中平平常常的一个，他为托马斯·卡莱尔深邃的思想和风趣的文笔所吸引。每当有托马斯·卡莱尔的新作问世，他总是第一时间去书店采购。托马斯·卡莱尔在各地的演讲，小杰克也会贴身跟随，不愿意错过任何一次心灵洗礼的契机。可是，痛失爱妻的托马斯·卡莱尔让小杰克的崇拜难以为继，封笔的托马斯·卡莱尔切断了和粉丝之间的联系。

不过，小杰克并不甘心在"故纸堆"里和托马斯·卡莱尔亲近，他想用自己的努力改变消沉的"文坛怪杰"。于是，小杰克开始用书信的方式和托马斯·卡莱尔联系，还会引用托马斯·卡莱尔著作中一些有趣的段落，字里行间都是对偶像的安慰和鼓励。小杰克并没等来托马斯·卡莱尔的任何回复，他不知道是托马斯·卡莱尔没看自己的信，还是他根本听不进自己的规劝。

小杰克并没有灰心，他还亲自去托马斯·卡莱尔的居住地去探望偶像。那是托马斯·卡莱尔 N+1 次去简·威尔斯墓地，返回后心情依旧是浓稠得化不开的忧伤。托马斯·卡莱尔对小杰克精心准备的礼物视而不见，小杰克随后的一堆温暖的、鼓励的话，也没让托马斯·卡莱尔抬一下眼皮。小杰克那种受伤的感觉，就像病中的简·威尔斯，在无望的渴求中，他的热情渐渐地凋零了。

托马斯·卡莱尔在辜负爱妻后，又辜负了钟爱自己的粉丝，小杰克从此淡出了托马斯·卡莱尔的生活。或许托马斯·卡莱尔自己都不知道，辜负成了他人生中一个尴尬的标签，从而也让本应缤纷而厚重的人生，很不幸地有了抹不去的遗憾和伤痛。

其实，辜负往往不仅仅是伤了被辜负的爱自己的人，也让自己在时光流逝中，"赔"上了令人惋惜的代价。

晴天心语　辜负，从来都不是值得炫耀的勋章，而是岁月深处的一道暗伤，伤了爱你的人，也伤自己。其实，与其"哭过长夜"再"语人生"，倒不如该珍惜的时候珍惜，那样的人生才会更美满，悔恨也会更少。

有些事，明知是错的，也要去坚持，因为不甘心

张小娴说，在对的时间，遇见对的人，是一种幸福；在对的时间，遇见错的人，是一种悲伤；在错的时间，遇见对的人，是一声叹息；在错的时间，遇见错的人，是一种无奈。

然而，爱情的世界里一旦出现错的人，那么再对的时间也是错。每个人的青春总会有一两段这样的恋情，奋不顾身便扑向了一段错误的恋情。有些恋情就像走错的路，可是青春的激情却不是喊停就能停的，或许因为来自心底的那一点点不甘，于是我们兴冲冲地出发了，甚至从来没有想过回头。

相识不久的女孩去了另一座城市，我们之间的联系只有细细的电话线。电话线这头牵着我，那头的她我却无法把握，只能等她无法预期的电话，那些电话显然来自街头电话亭。

电话里面，我们短暂的相识成为共同温暖的记忆，女孩给我讲在异乡艰辛的遭遇、对家乡父母的惦念，也表达对我的关心。寥寥无几的电话，每次都有热烈地心灵互动，却唯独没有炽热的爱。是爱与喜欢之间的感觉，是恋人与朋友之间的摇摆……我也弄不明白她对我的感觉。

没有她电话的日子，思念如潮水般汹涌澎湃，让我明白自己真的是爱了。可是，那串熟悉而陌生的电话号码，不再出现在手机屏幕上。女孩美丽的眉目和动听的声音，也离我越来越远，远得有一种不期而至的心痛。于是，我决定去陌生的城市找她，给她一个"爱的惊喜"。可是，我突然

发现，除了那串电话号码，我全然不知她的所在。

　　通过 114 查询、在网上发帖询问，没有人能告诉我，那个电话亭的具体位置。于是，我一遍又一遍地拨打那个电话，希望有好心的路人接听，然后告知我电话亭的方位。三天、五天、七天，无数次毫无回应的漫长鸣响后，一个无聊的小男生接了电话，告诉了我电话亭所在的区和街道。挂掉电话，我便冲向了火车站，买了最早一班的车票，宁愿站票也要第一时间奔赴她所在的城市。火车的颠簸也不及我内心的起伏，心情激动的我无限接近着女孩所在的城市。

　　辗转来到电话亭所在的街道，那是个偏僻而破旧的街道，稀稀拉拉有些小商店。我挨家挨户地寻觅，不到十五分钟，便在一家建材店看到了自己朝思暮想的女孩。店里有三两个顾客，女孩耐心地接待着他们。比起原来的模样，她消瘦了不少，让人怜惜。终于忙完了，抬头看到我后，她吃惊得半天嘴巴都合不拢。但是，巨大的惊讶之后，却没有恋人的欢喜，而是被吓到后的慌乱和不安。电话里的和谐，被不请自来的表白搅乱了，场面的尴尬煎熬着我和女孩。当女孩说出"我当你是哥哥"时，我选择乘最近的火车班次离开了，那些原以为会走向圆满的故事，在女孩所在的城市支离破碎。

　　"千万里，我追寻着你，可是你却并不在意"，歌声飘扬的时候，我终于明白，其实我何尝不是早就明白，我对她的追逐是徒劳无功的，一边是恋人的热烈如火，一边是妹妹对哥哥的小小依赖，怎么可能变成不离不弃的姻缘？可是，爱的火焰熊熊燃烧，心中的不甘和不舍让我怎能停住步伐？

　　说起来，我还做过一些更离谱、更疯狂的事情，那还是我念高一的时候，当时每个男孩子都渴望流浪，我就不止一次地渴望过去西藏漂泊。可是，那不过是课余的闲聊罢了，或者在寝室吹吹牛，没有人敢真的离开父母，去那么远的地方闯荡。出得去回不来，或者遇到招架不住的麻烦，对于一个十五六岁的小男生，实在是想都不敢想的考验。

一次，和父母斗嘴后，我就从家里拿了几百块钱，背着个旅行包，做出了离家出走的决定。其实，我也并不是真的和父母赌气才走的，只是那种流浪的热情占了上风，于是就来了一次说走就走的旅行。到了火车站，我临时改变了主意，将目的地由西藏改为深圳。深圳也是遥远的地方，去哪儿流浪都是流浪，起码在特区不那么容易饿死。

满车厢的大人，抽着刺鼻的香烟，说着南腔北调的方言，还有一些看得透、看不透的江湖把戏……这让我觉得外边的世界很新鲜，但是也不由得有些惶恐。那一刻，我开始明白，自己的流浪是错的，但是依旧坚持只是因为不甘心，不甘心就这么匆匆结束行程，不甘心失去一次漂泊的机会。

可是，到深圳没两天，我就发觉自己口袋的钱不够花了，找到工作就可以找到住处和食堂，还来不及品味异乡生活的乐趣，我就得开始为生计发愁。很巧的是，某家工厂的老板是我的老乡，大老乡对小老乡有一份关照之情，我顺利地得到了一份工作。虽然我并不认为工厂的流水线就是我流浪的目的，但是有吃有住是将流浪进行到底的保证。于是，我睡在木板床上，想象着第二天工作的情况。

没想到，第二天，我等来的却是风尘仆仆赶来的家人。原来这个老板竟然是我父亲的老部下，他不仅认出了我，还自作主张留下了我。当我用完了所有的"不甘心"，再念及一路的孤独和辛酸，回家成了不二的选择。

晴天心语　　我们会坚持对的人生，也会坚持做一些错的事情，甚至不会轻易回头，只不过是因为心底的一点不甘。然而，青春就是这样的一段旅程，苦过、累过、错过，却无怨无悔，最终再回归正确的路线。

走得最急的总是最美的景色，伤得最深的总是最真的感情

在一座城市待得太久，便会向往远方的城市、江河湖海或名山大川。那些陌生或熟悉的远方，存在于厚厚的字典里、百度百科或朋友的微博里，也深深地存在于我们的脑海里。

曾经听陶晶莹唱过一首歌，名曰《走路去纽约》："想走路去纽约，看看这一路，我曾经忽略的一切。走路去纽约，也让感情在时间里有机会沉淀自己。"歌手幻想能够走路抵达遥远的异国他乡，当然或许仅仅只是一个意向，但是那种决心却依旧让人心动。

不一样的人生，寻觅不一样的未来，走路，一步一个脚印，或许是慢时光里的流转，却依旧能看到旖旎的风景，抵达心中最初的目的地。走路看风景，不仅可以看到不一样的世界，也能重拾那些被忽视的熟悉的场景，还有被尘事包裹的自己。

我们的人生或长或短，我们的旅程或徐或疾，总有一些风景会慢慢行、慢慢品，又有一些风景却走得太快太急。一次跟团旅行登山，半山腰忽见大美风光，导游却催促快些走，说更美的景色在前面。其实，导游无非是想加快进度，而我安慰自己上山还有下山时，回头再好好欣赏。

可是，等到登顶已是夜色初起，步行下山不再可能，只有借助缆车快速离开。直到离开那座山，半山腰的大美风光也无缘再看。那一次跟团旅

行，我们去了很多地方，观赏了很多风景，但是那惊鸿一瞥的美丽，却成为心底抹不去的浓墨重彩。

不是所有的遗憾都可以弥补，不是所有错过的风景都可以重游，走得最急的总是最美的景色，只能在剩余的岁月里念念不忘。就像有一些感情，曾经是那么美好、那么接近，可是一旦不经意地伤害，才明白伤得最深的总是最真的感情，那也是无法追求的美好了。

我曾经有过一段恋情，她是我诸多读者中的一个，在城市的另一边工作，时不时会给我写来一封信。鸿雁飞书的日子很有趣，她会给我讲她的工作和生活，我也会将心事讲给她听。有时候，我们还像恋人一样煲电话粥，说着说着，甜言蜜语就冒了出来。

和那个年代的年轻人一样，我们这样的笔友开始约着见面。初遇是非常甜蜜的，我们牵着手游湖，看水鸟翩然起舞，在湖边的长凳上相依相偎，说一些不着边际的誓言。我也在想，如果时间停滞不再往前跑，我愿意就这样和她在湖边，然后便是一生一世。

我和她约会的次数开始变多，我带她去逛街、吃东西，她给我买有型的外套和鞋子，我们还相约去见对方的家长。当然，我也会带她去见我的朋友，有一点点昭告天下的意思。可是，人生也好，爱情也罢，常常不是想象的那么简单、那么平铺直叙。

"你的新女友这么丑？"女同学一句随意的评价，却在我的心底掀起了惊涛骇浪。慢慢地，我不再带她去见我的亲友，甚至逛街时也不再和她手牵手。心底的甜蜜依旧汹涌，而我也知道从来没有一个女孩子，对我那么体贴、那么迁就。可是，我心底的爱却开始悄悄动摇，发生着她察觉不到的细微变化。

不久，在一次活动中，我认识了另一个长发飘飘的女孩，女孩有一脸温和而羞怯的笑容，而且模样显然更"对得起观众"。几天后的流星雨夜，我跟这个女孩有了第一次约会。再过几天，是圣诞节，我跟她说出那句"抱歉"，继续跟这个女孩甜蜜地相会了。

一颗心里住不下两个人，很快，我就开始彻底地疏远她，不接她的电话，也不再去她工作的地方等她，她来找我时我态度冷得如冰。她说想给我买羽绒服，租一间离我更近的住房，春节时还要带我见家长……而我只是不停地摇头，说着很没诚意、很没分量的"抱歉"，并且厚着脸皮说着"祝福"的话。我和她分手了，分得那么决绝，之后便迅速地投入了新的感情。流着泪离开，便是她留给我的最后印象，此后她从我的世界彻底消失了。

次年六月，她的父母和民警一起来到我家，只为找半年来音讯全无的她。他们全无头绪，而我是整个失踪案的唯一头绪，可是我根本不能给出任何有价值的线索。她的失踪让我心生抱歉，更略略有一种不祥的感觉，而我能说出口的还是只有"抱歉"。她的父母离开时，我带着请求无力地说："叔叔阿姨，如果有她的消息，请一定要通知我！"

没有人给我她的消息，不管是好的消息还是坏的消息，她依旧在我的世界杳无音信，让我的心底留下一丝丝挥之不去的惦念和担心。直到现在，我依旧没有她的消息。她曾经在我的世界里活色生香，转眼就像蒸汽般消失了，并且再也没有出现过。

此前我爱过一些人，此后我也爱过一些人，或许她并不是我的最爱，也不是陪我走到最后的人。但是，我知道被我深深伤害的她，曾经给予了我一份那么真挚的感情，用她的全部热情来爱我，又用决绝的不辞而别来宣布退出。

我想说，再也没有谁，能像她那样爱我，而我伤得最深的是最真的感情。

心是一切的根源

晴天心语

走得太急，伤得太重，最后都成为痛彻心扉的体悟。不管是沿路的风景，还是心底的情生意动，慢一点、柔一点才能更好地拥有，适时的珍惜也会让无悔成为现实，让遗憾和悔悟变得更少一些。

爱情就像沙子，攥得越紧，流失得越快

不相信爱情也有所谓的保质期，不愿意甜腻腻的情感转眼就成为幻影，可是就像华仔在《冰雨》里唱的那样："好好的一份爱，怎么会慢慢变坏。"很多时候，失恋的人不明白，明明是"很爱很爱你"，为何却等到你决绝地离去。

其实，爱情有点像沙滩上金灿灿的沙子，当美好的缘分华丽丽地降临时，就像沙子在我们手心里跃动。然而，我们习惯了握紧手心的沙子，生怕迎面的一阵风或一场雨，吹走我们最珍视的手心里的沙子。不承想，沙子是调皮的，也是不愿意被掌控的——我们的手攥得越紧，沙子反而流失得越快。

去年，作协在避暑胜地举办作家班，我和小康成了作家班的同学，并且还成了亲密无间的室友。小康人长得高大帅气、风流倜傥，散文和小说都写得很赞，而且还有超一流的好口才。在作家班里，小康是一颗亮闪闪的星星，那些已婚的女作家只叹相见恨晚。但众星捧月的小康常常会落寞，落寞只为那迟迟不来的爱情，爱情好像遗忘了优秀的小康。看着小康皱眉，我安慰道："不是爱情找不到你，或许是你选错了爱情，走错了沙滩罢了。"

爱情说来就来，一点点征兆都没有，像北京街头的沙尘暴，又像春天突如其来的淅淅沥沥的雨。一次平平常常的大学文学讲座中，小康慷慨激昂的完美演讲，吸引了一百多位爱好文学的大学生。讲座完毕，大学生们进行了各种不同的提问，而有个女孩只是问："老师，为什么你看起来那么忧郁，为什么阳光照不进你的眼睛？"小康答非所问，甚至有些词不达意，他不可能讲爱情的缺席让他忧伤，爱情是他不可轻易言说的痛。

后来，她像粉丝一样给他写信，向他表达了自己满满的爱意。他们开始鸿雁传书，心越走越近，像一对很好的红颜和蓝颜。直到流星雨降临这座城市，她主动约他去山顶看流星雨，女孩的心思不难猜，他没有拒绝，选择了赴约。流星雨最终爽约了，牵着手登山的他们，却有了一次甜丝丝的拥吻，他们的爱情就此拉开了帷幕。

小康是幸福的，有一个那么爱自己的女孩，而且女孩是温柔而甜美的。慢慢地，小康的心开始汹涌澎湃，爱意在心间恣意泛滥。爱情的世界里，谁爱得多谁先开口，但是被动的人一旦开启心房，也会爱得格外热烈。在小康的世界里，女孩就是他的全部，他的全部就是女孩，女孩的一颦一笑都是他眼里的风景，一刻见不到女孩他都觉得备受煎熬。爱情就是这么奇怪，一旦拥有就希望最大的拥抱，紧紧地，不愿意轻易松开伸出的手。

可是，女孩毕竟是还在校大学生，而且年轻人的世界不仅仅有爱情，还有爱情以外的友情、兴趣和梦想。如此一来，小康常常见不到女孩，女孩不是在学校里忙功课，就是忙着会朋友、选修课程，或者参加一些社会实践活动。每天，小康都会用追命连环 call（电话），就算不能马上见到女孩，也要听听女孩清澈的声音。

渐渐地，女孩有了一点点困扰："亲爱的，每天不要给我打那么多电话，我也有我的事情要做啊！你也要多写一些新作品，有机会还要多出几本书，我会为你的成就而感到骄傲的。当然，我一有时间，自然会飞奔到你面前，我绝不会冷落我们的爱情。"他笑着说"好"，可是每天还是忍不住电话不断，甚至固执地等到拨通为止。

有一次，女孩约好和小康去看电影，可是临时却被一点点事缠住了。女孩在电话那边笑着说抱歉，小康的情绪却顿时从沸点转到零下，最后讪讪地挂断了电话。小康放弃了观影，在女孩的校园里转来转去，竟然看到女孩在校园的湖心亭里和一个男孩在石桌前聊得起劲。

小康冲上前去，哪怕女孩说我们在聊文学社的事情，男孩也说"大哥，你千万别误会"，他还是强拽着女孩离开了。当女孩坚持留下时，小康把习惯了码字的手握成拳头给了男孩重重一击。在男孩飞舞的血浆和女孩惊恐的泪水中，小康才松开攥紧的女孩的手离开了。女孩的手留下了淤青，而男孩强忍着疼痛去了医务室。

显然，小康有一点点无理取闹，但女孩开始重新审视了小康，还有这段来得太快的感情。女孩跟小康说："我很爱很爱你，但是我接受不了你攥得太紧的手。我需要美好的爱情，同时也需要鸟儿般的自由，需要拥有爱人坚定的信任，需要被呵护、被珍视、被包容的爱的感觉。而现在，你给我的只是想逃的欲望……"

爱情来得快，去得也快，分手一旦被道出，就像再美的舞台剧也阻挡不了落幕时刻的来临。小康一会儿把手攥紧，一会儿把手松开，却不知道自己到底错在哪里，也不知道如何面对没有爱情的日子。

心是一切的根源
[050…

"摊开你的掌心，握紧我的爱情，不要如此用力，这样会握痛握碎我的心，也割破你的掌你的心。"这是无印良品的《掌心》中的歌词。其实，不管是爱情，还是我们的人生际遇，适度的把握才是最好的掌控。有时候我们要做的是放松，不仅是放松自己攥紧的手，更要放松自己占有的心态。我们松开了攥紧的手，就会惊喜地发现，那些本来要流失的沙子，都牢牢地留在了掌心里。

不是对方不在乎你，而是你把对方看得太重

有段时间，同事小莉精神恍惚，做事丢三落四，不仅自己的工作干不好，连整个团队的工作都被拖延了。没有无缘无故的加班加点，也就没有无缘无故的心不在焉，于是我决定和小莉谈一谈。

原来，小莉竟然悄悄地网恋了，怪不得她时常对着电脑笑，有时候又抱着手机出神。"我就纳闷了，恋爱是好事呀，干起活来应该更有劲，你怎么像霜打了的茄子，像丢了心爱玩具的小孩？"我忍不住道出了心底的疑问。过了一会儿，小莉小声地说："路哥，我感觉那个男生不怎么在乎我。"刚刚进入恋爱期，不该是你侬我侬，甜得像糖化不开吗？于是，我对小莉的恋情产生了疑问："电脑那边的男生到底是不是真的爱上你了，还是仅仅是你的一厢情愿？"

小莉认真地说："他经常陪我聊天，还时不时跟我视频，有时也说一些甜蜜的情话。可是，有时又好几天都不见人影，像人间蒸发了一般。很多时候，我会陷入对他疯狂的思念中，除了不停给他留言，或者安安静静地等他上线，其他好像什么也做不了。我就不明白了，既然我们已经在网络里相爱，虽然不能够相见或相依相伴，也不至于几天都不露个面吧？"我淡淡地说："他恐怕只是潜水而已，每天依旧聊得欢，只是你不知道罢了。"小莉自然是不信，我只是耍了点小伎俩，就让那个男生现了形。

当小莉一再质问男生为何避而不见时，男生并没有继续避而不答，只

是淡淡地说:"我们不过是聊得来的网友,偶尔会说一些心贴心的话,但是就像客观存在不可改变的距离一样,我们根本不可能成为亲密的恋人。在我心底,你是一个很不错的女孩子,但不过是一个普通的网友罢了,这样的网友我也不止一个两个。网络只是现实世界的避风港,偶尔避一避当然不错,如果网络和现实傻傻分不清,那显然是太傻太天真了。"

男孩的话无疑是最后的"宣判",让小莉犹如五雷轰顶,再多的发泄也抵不过对方的"拉黑"。小莉不停地喃喃自语:"他完全都不在乎我,他完全都不在乎我……"我忍不住说:"根本不是对方在乎不在乎你的问题,而是你把对方当作了你的全世界。这样一来,不仅你自己伤心憔悴,而且也会让对方不知所措。"小莉伤过一场后,情绪很快就恢复了正常,不再为网络那边的他神伤。

其实,我们在青春的爱恋里,常常会忍不住抱怨,为什么爱情是那么不对等,我是多么多么在乎心上人,而心上人却对我毫不在乎。其实,对方并没有那么爱你,或者你把路人当成了恋人,你把偶尔的目光交错当成了电光石火。你爱并没有错,你在乎对方也没有错,可是你根本没有理由去索取,因为并不是对方不在乎你,而是你把对方看得太重。

很多时候,我们不是不该去爱,而是应该学会让爱适度。特别是当对方还没有爱的反馈,或者爱得不是那么热烈、那么义无反顾时,就不要轻易将对方摆上太高的位置。太在乎就希望换来对方的更在乎,太执着就希望换来对方的更执着,很爱很爱你就希望换来对方更汹涌、更澎湃的爱意。可是,每个人的心理感受是不一样的,爱情常常不会同时抵达两颗心,一边是火焰一边是海水的情景并不少见。

就像李敖大师为巫启贤写过的那首歌:"不爱那么多,只爱一点点;别人的爱情像海深,我的爱情浅。不爱那么多,只爱一点点,别人的爱情像天长，我的爱情短。"不爱那么多，只爱一点点，不是不爱而是更好地去爱。或许一点点的爱比不上排山倒海的爱；可是，淡淡的爱更能滋润寂寞的时光，更能让爱细水流长。不爱那么多，只爱一点点，才能保护好初涉爱河的自己，同时也不伤害自己爱的人，这样才更容易开启爱得天长地久的模式。

　　当然，不仅仅是爱情需要理智的审视，在日常的诸多交际中，我们也应该把握和对方沟通的尺度。错估和对方的关系，就像估错了一段感情，难免会有不必要的心理斗争，或许受到的心理创伤不及失恋那么严重，但是多多少少也会有一些挫败的滋味吧。预测一段关系，就像老郎中给病人把脉，显露的是一种出众的能力，更是一种不可或缺的智慧。

　　我们的生活中，也会有许多知己好友，有的是贴心贴肺的至交，也有只是推杯换盏的情意。我们有好朋友也就有一般的朋友，我们有交心的朋友也就有功能性的朋友。我们可以试着整理自己的朋友，甚至将朋友分成不同的类别，但是不代表我们需要一键删除，不同的朋友有不同的风情和乐趣，不同的朋友组成我们丰富的人生。只要我们不把每个人都看得太重，在适当的时机懂得从彼此的关系中抽离，学会及时冷静地审视和判断，就能更加从容地应对和拥有更美妙的生活。

晴天心语　　　人际交往中，我们不需要选择像刺猬一样自保，毕竟刺猬的保护壳也是一种武器。我们需要的是对彼此关系的拿捏，不轻易让爱或者友情跑赢理智，适当的付出于人于己都是正确的选择。用情太深遭遇心门未开，实在是有些尴尬。

第三章

没有过不去的坎儿，只有过不去的心情

人生没有过不去的坎，多么简单的一句话，悟到了只是一瞬间，悟不到就是一辈子。过去的跌倒经历我们无法改变，也不必改变。囚禁自己的往往是我们自己偏执脆弱的内心，雄鹰不必像鸵鸟一样奔跑才能翱翔于天空，同样，人生也不必事事圆满才称得上成功。

只有糟糕的心情，没有糟糕的事情

18 岁时，我为了心仪的女生只身南下，从略带凉意的家乡，来到热浪滚滚的广州，我的心一下子沸腾了。我忍不住悄悄告诉自己，与其两手空空去见心上人，倒不如先干出一番事业再说。于是，我放弃前往心爱女生所在的佛山市，去了世界工厂——东莞，那里有我的一些铁哥们儿，还有即将盛放的青春的梦想。

那是一个还在查暂住证的时代，身份证并不能让人久居此地，没有工作的外来者得一边求职，一边为了防止被抓东躲西藏。幸好，铁哥们儿在自己的宿舍里为我腾出半个床位，让我不至于在东莞的夜色里流离失所。或许是青春的无畏无惧，或许是对心仪女生的念想，我的世界充满灿烂的阳光，没有烦恼能掩盖住这份光芒，我的心时常是温暖的。

一日，铁哥们儿的宿舍遭遇查寝，我不得不半夜仓皇离开。我本想找个街边的长椅休息，或者以天为被，以地为床地凑合一夜，哪知一场淅淅沥沥的雨不请自来。我淋着雨，一边跑一边笑，还小声地哼着流行歌曲，仿佛所有的烦恼都不存在一样。后来，我躲进了一个废弃的岗亭，岗亭里脏兮兮的，但是风雨不侵。一个比我还年幼、还瘦弱的男孩也挤了进来，我们相视一笑，共享着狭小的空间。

那一夜，我跟陌生的男孩聊了童年，聊了故乡，聊了我们喜欢的女孩，也聊了在这座城市的风风雨雨。到了凌晨时分，雨越下越大，我们唱起了 Beyond 的《光辉岁月》《海阔天空》和《真的爱你》，歌声伴着雨声是那样激昂，那样澎湃。后来，我们聊累了，也唱累了，就不管不顾地睡着了，当然也不敢睡得太沉，毕竟我们没有暂住证，也不想还没落脚就被收容。

破晓时分，我们珍重地握了握手，又用力地挥挥手告别了。一夜没完没了的雨之后，朝霞划破天际，整座城市笼罩在晨晖之下，看上去那么有朝气。走在街上，我有一点点困乏，但是更多的是敛不住的兴奋。当我的铁哥们儿联系到我，而且一副担忧的神情时，我笑着说："我没事，我一定要在东莞留下来，开创属于自己的一番事业。"

三天后，我找到了第一份工作，厂牌就是最好的暂住证，再也没人会随便查我。本来我以为需要花更长的时间才能找到工作留下来，但幸运之神来得太快，幸福不知不觉就降临了。

铁哥们儿说："你真是个没心没肺的家伙，露宿街头你都不放心上，还和陌生人一起唱歌。看来人一旦有了明媚的心境，就算是再糟糕的状况，也会轻易地迎刃而解。"我笑着对铁哥们儿说："其实那些状况都糟糕透了，可是我对未来的乐观，让我忽视了所有的麻烦。当麻烦被忽视，心底自然是满满的快乐，那么幸福也就离我更近了。"

在东莞工作了半年后，我趁一次休假的时间，去了一趟佛山，去看久违的她。我还是原来的我，而她不再是原来的她；我们的感情早已被遗失在来时的路上，而她也有了高大挺拔的新男友。重逢时，她心不在焉地和我吃了一顿饭，我俨然成了不受欢迎的客人。彼时的我，入口的菜味如同嚼蜡，漂泊日子里的那些苦也涌上了心头，但是男儿有泪不轻弹，我的泪水都落到了心底。

其实，爱情的分分合合很平常，或许有一点点让人伤感，但也不至于糟糕透顶。今天的风暴再猛，明天依旧是艳阳高照。走过了一路荆棘，就会迎来坦途一片。天涯何处无芳草，何必单恋一枝花；失去一个恋人就像失去一棵树，而不是失去了整片森林。

遗憾的是，18岁的我纵使懂得这些道理，也没有办法控制自己的情绪。回到东莞的我就像一个受到重创的病人，看整个世界都灰蒙蒙的，天空也仿佛要压了下来。我不再和同事们开玩笑，也很少哼唱自己喜欢的歌曲，没事的时候就在角落里发呆，或者在厂区的顶楼伤感地看着月亮。

坏情绪就像一场连绵的阴雨，一直下得没完没了，不知道什么时候会停。坏情绪是会蔓延渗透的，沉浸在失恋的痛苦之中的我和同事相处也失去了耐心，时不时就跟同事杠上了。而在操作设备时，我的注意力也不再那么集中，一次不小心的错误操作，让我左手中指被轧伤，顿时血流如注，十个指头指指连心痛得难以忍受。那一刻，我感觉整个世界都一片漆黑，而我再也没有快乐起来的理由。

铁哥们儿来探望我时，非常认真地说："只要你的心情不糟糕，其实很多糟糕的事情都不会来。人生的烦恼也许会接踵而至，但是当你都笑着一一接纳，你的痛苦就会减轻许多。哥们儿，释怀吧，这是改变你人生的第一步。"

朋友的话，让我疗伤的过程比想象中的缩短了很多。

晴天心语

释怀并不是让人没心没肺地傻乐，而是让人以开放的姿态迎接世界。世界就像一面大镜子，你对它笑，它也会对你笑。当我们赶走了糟糕的心情，许多糟糕的事情也会识趣地离开。

美好的是经历，不美的是阅历

　　我认识一个喜欢骑行的朋友，他已经跟朋友骑行出游过好几次了。今年夏天，他又踩着自己的单车，奔向了令我向往的神秘西藏。

　　他跟我讲过许多骑行的故事：他曾经敲开过陌生农户的家门，农户为他生火做饭，还将家里最好的床铺让给他住。而等他第二天离开时，农户却不肯收他半毛钱，还说相识就是一种缘分，只愿他一路平平安安。他还遇到过单车出故障的时候，开着豪车的富二代载了他一程，不嫌他的单车会弄脏后备厢，也不嫌弃一路风尘仆仆的他。

　　当然，对于年轻人来说，最美好的还是朦胧的恋情。他告诉我，他曾经爱上过一个爱骑行的女孩，他们一起骑行到目的地，女孩沿路会唱好听的歌曲，他们甚至幻想过未来有自己的孩子，带着孩子骑行去更远的地方。

　　其实，我知道每一个骑行的人都是辛苦的，他们或许有占满心房的幸福和甜蜜，但同时也有不轻易道出的挫折和伤痛。

　　这个朋友好几次都遭遇过碰撞事件，身上有好几处都留下疤痕，伤筋动骨的状况也时有发生。而更惊险的是，他还遭遇过一次莫名其妙的绑架事件，虽然最终他从粗心大意的绑匪那逃脱了，但是他却失去了随身携带的所有现金，还有所有可以证明自己身份的证件。只是那些骑行中的伤痛，他很少向人提及，仿佛那些都不曾发生过。

　　有一次，我跟这位朋友一起喝酒，喝到双方都有了三分醉意时，我很诚恳地问他："你为什么总爱道出骑行中的美好，难道就没有不美好的部分值得提起？"他只是笑着说："骑行中，美好的都是经历，而不美好却是阅历。美好的经历让我学会感恩，而不美的阅历却教我成长。苦不应该是留在嘴边的说辞，而是在心底反复回味的滋味。"

我明白他并不是不想诉苦与人听，只是他珍视那些不美的阅历，就像他珍惜一路上的那些好人。其实，呼啸而来的生活总会有好的一面，也会有坏的一面，如果被轻易吓倒或击溃，那就没有机会看到以后的美好。反倒是从容地面对美好或不美好的际遇，最终所有的美好都是难忘的经历，所有不美的阅历又是让我们强大的契机。

我曾经供职于一家单位，单位的领导那几年的升迁就像坐上了"神舟十号"飞船，一飞冲天。升迁总有升迁的道理，没有金刚钻怎么敢揽瓷器活？我们羡慕是羡慕，但是也没有多说话的，都心甘情愿地服从领导的安排。

同事大贾曾经是这位领导的上司，那是年代非常久远的事情了，单位知道的人根本没几个，大家也无意旧话重提。领导不愿意任何人提起那段经历，如果谁要是不小心提起，他就会勃然大怒。领导的想法很简单，如今的部下曾是我的领导，这让我的面子往哪儿搁？后来，为了彻底平息大家的议论，领导竟然将大贾调走了，而且是从市区调去了郊区。大家都知道，这不是正常的人事调动，多少带着些个人情绪，而大贾绝对是比窦娥还冤。

对于自己耍手段调走大贾的事，领导自然也不愿任何人提及。可是，天下哪有不透风的墙，领导也不可能一直为所欲为。很快，领导就被上级叫去训话，训话的结果无非是领导被其他人取代，毕竟谁都要为自己的行为负责。而被调去郊区的大贾沉冤得雪，又回到了自己的岗位。

其实，风水轮流转，曾经地位卑微不是丑事，大明星也有跑龙套的时候，元帅也都是从新兵做起的，那些经历没有必要刻意隐藏。如果记忆中有过美满的时刻，那我们就好好收藏。至于那些光芒未露的时刻，或许脚步踉踉跄跄，或许曾经跌得鼻青脸肿，但等到时过境迁就理应笑对。

青春的过往不应该雪藏，惟有青春时蹒跚地走过，跌倒过，彷徨过，孤独过，我们后来获得的成果才显得宝贵，我们收获的成功才值得骄傲。

那个领导恐怕后来也明白了这个道理，只是略略晚了一些。至于我们，或许可以早一些明白，过往的美好或不美好，都是不可或缺的财富。

晴天心语　　对过去的接纳是一种智慧，如果我们能够正确地对待生命中的美好或不美好，其实可以很好地滋润和茁壮我们的人生的。

曾经你所担心的问题，现在看来都是毫无理由的

曾经有一个和世界末日的传说：地球将在 2012 年大爆炸，从此世界上没有你，也没有我，只有一片死寂般的废墟。这个传说没有吓到大部分人，但是依旧有人为此惶惶不可终日。如果这样的传说往前推进几百年，估计担心后怕的人会多得多，说不准会闹得天下大乱。

然而，世界末日并没有真的到来，太阳照样从东方升起来，又从西边落下去，白昼和夜晚轮番上阵，日子还是不停歇地继续向前走。世界末日根本不会到来，可以佐证这一点的理由千千万万，可是依旧无法消弭有些人心底的担忧。很多时候，有些人的担忧其实完全没有道理，可是他们却轻易地陷入其中无法自拔。

我们没必要继续在世界末日这个问题上纠结，但是我们的生活中却常常有类似的状况存在。"人无远虑，必有近忧"，适当的考虑当然是不可或缺的，然而没有必要过多地担心，特别是对于一片混沌的未来，完全没有必要过分杞人忧天。如果把一点点困难当作世界末日，我们失去的将是走向未来的信心和勇气。

我有个表弟，他身高一米六，这个身高对于男孩子来说，肯定是糟糕的。表弟虽然身高不高，但志气却很高，他为了自己的事业努力拼搏，很快就在省城买了房，买了车，而且给自己报读了不错的 MBA 班。后来，他还认识了一个漂亮的女孩，女孩身高一米六五。当爱情降临时，身高真的

不是什么障碍，他们爱得如痴如醉、轰轰烈烈。大家经常看见表弟和那女孩手牵手逛街。坦白地说，大家看的次数多了也就不觉得碍眼了，觉得他们是非常般配、非常和睦的一对。

家里人催表弟早点把婚事办了，可是表弟却担忧地说："我个子这么矮，我怕女孩的家里人不同意。一个一米六五的漂亮女孩，怎么可能嫁给一米六的我？"就是因为这个顾虑，表弟和女孩拍拖了很久，一直都没到婚论嫁的地步。女孩等不到表弟的求婚，中间有两回还和表弟闹起了分手，甚至还分开过好长一段时间。若不是因为两情相悦，彼此真的分不开，他们恐怕早就劳燕分飞，各奔西东了。

大约三四年后，表弟才开始和女孩的父母接触，女孩的父母对他也没那么反感。当表弟说出自己曾经的顾虑时，女孩的父亲说了："个子矮点有啥，拿破仑个子不高却名留青史，杨威个子不高却能拿世界冠军。我宁愿女儿嫁一个有才能的矮个子，也不愿意他嫁一个身材挺拔的庸才。"表弟的顾虑瞬间瓦解，他也终于娶得美娇娘回家，但那些因顾虑而耽搁的岁月，却让表弟不由得感叹。

其实，我们常常容易过虑，把简单的事情想得复杂。我们曾经担心的事情，在今时今日看来其实是毫无理由的。这不仅仅是因为我们缺乏对事情的预判，同时也是自信不足，勇气不够的表现。

爱情不会被表白吓跑，反倒是迟迟的不表白，会让后来的勇敢者抢了先。我们担心的问题很可能并没有什么大不了的，我们一遍遍纠结的问题可能是多余的。那些没有理由的迟疑、摇摆和拖延，消耗的是我们宝贵的不可重来的青春，同时也削减了我们的自信和勇气。

或许，在当下的我们自己看来，曾经的忧心忡忡是那么可笑，曾经的顾虑重重又是那么荒唐。如果能重走一回青春路，我们肯定会更加勇敢地做出选择，走出一条更潇洒从容的道路。

我们回不到过去，却可以把握现在。青春是一场美丽的冒险，我们或许要掂量和思索，但是不要让过多的担心束缚了脚步。青春是短促的，不要把青春浪费在没有道理的迟疑上；青春是美好的，不要让青春因为裹足不前而逐渐凋零；青春又是稍纵即逝的，不要在青春流逝后暗自感伤。

人生需要审视，不过别让顾虑占了上风，爱就大声说出来，有了目标就出发，碎碎念的担心也不必有，时光流转，回首过往我们能够无悔，这就够了。

晴天心语　　当我们被顾虑重重包围时，我们要做的并不是全面叫停人生，而是跳出那些不必要的纠结，先往前走一步再说。或许随着环境的一点点变化，我们的前路便会更宽阔，更平坦。

退一步海阔天空，让三分云淡风轻

还住在老家小镇的时候，我就知道邻居家有人在省里做高官。虽然那个高官几年都难得回来一次，但是邻居家的门槛还是几乎被踩烂，那些爱拍马屁的人络绎不绝。镇里的干部也不止一次地说，有什么困难就跟镇里反映，能解决的我们一定给解决。老爸常跟我说："别人朝中有人，我们能不接触就不接触，安安心心过自己的小日子吧。"说真的，和我们抱有一样想法的街坊不少，我们对那户邻居都敬而远之，即使他们也很低调。

后来，邻居家左边的邻居搬走了，来了一户从外地搬来的人家。说来也巧，那户人家搬来就开始翻建房子，而邻居家也在差不多时间动了工。很快，邻居发现了一个大问题，那户人家的房子墙角竟然右移了接近三尺。要知道，在小地方，墙角那是寸土必争的，几乎每次有人翻建房子，邻居之间都会争来争去的，有时甚至会发生流血冲突。眼看自家的墙角都要被人压住了，我们料想一场恶斗在所难免，而镇里也预备出来主持公道。

但邻居却没有急于让镇里出面，而是说要先跟当高官的家人联系。本以为，民碰官的结果，最终低头的肯定是老百姓。没想到，邻居后来并没为难那户人家，不仅没让人家将墙角退回去，反倒还自己退回了接近一尺的距离。后来，邻居告诉我们"退一步"的决定，其实就是当高官的家人的决定。邻居不争一时长短的故事成为佳话，我们对高官的印象顿时也改变了不少。

　　大家都知道当官不易，当个好官更不易，许多高官纷纷倒台；可是邻居的家人位居要职，而且做得稳稳当当的。显然，这跟他"退一步"的处世风格有关，总有人认为"退一步"就权益尽失，其实这就跟国家之间的领土争端一样，"退一步"并不是懦弱无能的表现，而是一种以退为进的策略。有时候，我们或许失去了一时的脸面，然而我们赢得的却是长久的主动。

　　陈总是我的一个大客户，在市区开了好几家地产中介公司。我想，做大生意的人都是雷厉风行的，属于自己的利益肯定会分毫必争的。可是，我坐过几次陈总的顺风车后，却发现他开车的风格却很不一样，他每次开车都稳稳当当的，在马路上遇到抢道的情况，他也总是能让就让，从不争先。

　　有几回，陈总的豪车愣是被"富二代"开的车逼停了，他也只是淡淡一笑让对方先走。坦白说，我都被气得不行，恨不得立即为陈总出头，陈总却只是摆摆手，还淡然地说："如果我跟他们一般见识，我不是也跟他们一样了。年轻人难免有意气风发的时候，让三分没什么大的损失。反倒是为了出风头，撞坏了别人的车，或者擦花了自己的车，都不值当。"

　　一次，陈总的豪车被环卫大爷的工具剐蹭了，痕迹虽然只有那么一点点，但是确实非常显眼。本以为，陈总下车检查后，会让惊慌失措的环卫大爷赔钱。然而，他却挥挥手让环卫大爷走了，像没事发生一般地开车离开了。不仅是环卫大爷大吃一惊，连随行的我都看得目瞪口呆。

　　我直来直去地说："如果说不跟'富二代'飙车，那样的'让'是一种智慧；现在，车子被擦花了，如果不让环卫大爷赔，那就得自己掏腰包，岂不是太傻了些。"陈总笑着说："就为那一点点修车费，我跟环卫大爷在大马路上争执，这不仅有损我个人的形象，而且消耗的时间成本也是吓人的。有时候，让三分云淡风轻，或许在局部是承担了损失，但是整体上的回报却是丰盈的。

慢慢地，我有些懂得"退一步"和"让三分"的妙处了："退一步"并非提前离场，而是以退为进；"让三分"也不是胆小怯弱，而是迂回突破。在人际关系中，太过强硬的姿态只会惹人反感，"退一步"或"让三分"都是一种圆润，能让交往少一些棱角的触碰，多一些适度的缓冲和纾解。正是有了适时的"退一步"和"让三分"，才有了令人舒畅的海阔天空，以及令人陶醉的风轻云淡。

青春就像一场篮球比赛，恨不得每一投都稳稳落网，恨不得每一次盖帽都一剑封喉，恨不得每一次绝杀都干净漂亮。可是，我们青春的对手是别人的青春，青春本来可以是一场友谊赛，漂漂亮亮地胜利当然是一件快乐的事情，可是人生从来不只是输与赢那么简单，潇洒从容地走过这一季的岁月，何尝不是一种收获和圆满！

晴天心语　　在生活中，我们要学会别逼人太紧，逼人的同时也是在逼自己。人际关系需要一种弹性，我们对朋友或对手也需要和缓的心态，毕竟任何一次重拳出击，都有可能会被强大的反弹力伤到自己。

人生没有如果，只有后果和结果

那是一个风雨交加的日子，我们的 20 年同学聚会如期而至，同学们差不多都来了。岁月在每个人的脸庞上都或多或少留下了痕迹，而我们的记忆却穿越风、穿越雨，回到了曾经的菁菁校园。

师生情、同窗情有怎么说也说不厌的话题，仿佛我们不是在富丽堂皇的酒店，而是回到了昔日略显破败的教室里。可是，最让人津津乐道的依旧是朦胧的恋情，柯景腾和沈佳宜的故事有许多翻版。后来，大家关注起大泽和小童的恋情，于是有人问大泽："当初，你喜欢小童，小童也非常欣赏你，你们为什么不选择继续走下去？"

大泽的脸上露出诧异的表情："我确实深深喜欢过小童，可是我并不知道她也对我有意。"接着，大泽还说："在毕业舞会上，我本来准备向小童表白，可是我担心吓坏小童，或者被她拒绝，所以选择了沉默。"说完，大泽还有些意犹未尽的感觉，但是也没再继续说什么，就躲在一边抽烟。

大家都把目光投向了另一边的小童，小童的脸上俨然有泪水滑落。"如果当时吻你，当时抱你，也许结局难讲。我那么多遗憾，那么多期盼，你知道吗？"轻声的吟唱、轻声的诉说，来自角落的小童，显然用歌声给出了她的回答。那是一个多么特别的毕业舞会，一对年轻男女同时怀揣爱意，都想着向心仪的人表白。可是，心底的那一点点胆怯，却让爱失去了表白的勇气，让感情失去了继续走下去的机会。

这时，有人说话了："如果大泽当时勇敢地表白，现在你们就是一对幸福的眷侣，我们的 20 年同学聚会将更有意义。"大泽苦笑着说："人生没有如果，只有扑面而来的后果和结果，后果再苦、结果再惨，我们也只能硬着头皮去接受和承受。"坦白说，这一次 20 年同学聚会，因为有了大泽和小童的故事，让一众人格外唏嘘。

如果我们将人生回溯几十年、几年或几周，甚至哪怕是回溯一个小时，或许我们都会做出不同的选择。相爱的人如果选择勇敢，那么就可以抱得美人归；面对机会的人如果再主动一点，或许可以迎来日后的大好局面；而一个冲动冒进的人如果能冷静行事，也不至于做出伤害他人和自己的行为。

可是，人生就像一趟呼啸来去的列车，容不得我们纠结于各种"如果"。如果，不存在于现实世界里，那只是一种虚拟的想象。我们与如果无缘，如果是我们的后悔药，如果是我们的安慰剂，如果是我们的断肠草。当后果和结果到来时，如果唤不回曾经的岁月，失去的恋人找不回，失去的机会不再来，做过的错事也没法再重来。

也是毕业季，我的好兄弟 90 后男孩阿诚，还有七天就要离开这座城市。大学四年，阿诚玩摄影、玩文学、玩音乐，每一项都玩得风生水起，在学校也是非常厉害的角色。可是，独独就是爱情花不开，他没有遇到心仪的女生，也没有女生向他表白。有人笑话阿诚，大学四年不恋爱约等于白读，阿诚也不过是一笑了之。

可是爱情说来就来，在阿诚离校前的第七天，他遇到了一个可爱的女孩。这位叫苗苗的大一女生，毫无征兆地占据了阿诚的心。当他通过微信告诉我这个消息时，我马上给他回复："兄弟，你是不是疯了？还有七天你就要离校了，何必去招惹一个大一的女生？"可是，阿诚却很笃定地说："我感觉她就是我的梦中情人，我和她很有可能会牵手一生。"我忍不住说："如果你被拒绝了怎么办？没有一个女孩会认为，这样的'黄昏恋'是真诚的。"

阿诚才不管我说的这些，当天就打听到女孩的姓名、院系和宿舍，接着还不费吹灰之力就找到了女孩的手机号和微信号。第二天，阿诚在宿舍楼前等到了女孩，一场精心准备的表白打动了女孩。女孩说："这是我们相识的第二天，我们还剩六天的时间，你愿意在遥远的南方，苦等三年直到我毕业吗？如果你等得了，而我却等不了，怎么办？"阿诚说："我认准了你就会等下去，我相信你就是我一生一世的爱。人生没有如果，就算天各一方，我也会好好地爱你，让你不会有等不下去的时刻。"接下来，阿诚和女孩迅速地展开了恋情，一段"黄昏恋"说来就来，爱得轰轰烈烈，爱得不管不顾，爱得荡气回肠，直到最后时刻，阿诚和女孩相拥泪别。

三年后，女孩毕业了，在阿诚的城市找到一份工作；而阿诚通过几年的拼搏，不仅成了公司的中层管理，而且也购买并装修了他和女孩的婚房。可以说，阿诚和女孩演绎了一段不可能的恋情——在爱情速食的年代竟然有人赢过了时间。后来阿诚跟我说："我不要等到错过挚爱了，再跟自己说'如果当初如何如何'，爱情里哪有那么多'如果'，做与不做，等着我们的都只有后果和结果。也许做了，选择了，可能后果很严重或结果不妙，但是没有被所谓的如果牵绊，我们就可以笑着告诉自己，青春无悔，无愧人生。"

这哪里是爱情的信念？分明是整个人生的体悟。刹那间，我仿佛多了一份坚定，少了一些人生的迷茫。

晴天心语 谁的青春不迷茫，与其畏手畏尾，等到错过时说"如果"，倒不如勇敢地走过，给青春留下一道无悔的风景。

能毁掉你心情的从来不是别人，而是自己

别人给我夹菜；

公交车一直不来；

窄人行道上前面"腿残"的人走得超慢；

遇到熊孩子；

……

这是一个95后男生告诉我的，关于他心情会突然变坏的因素。显然，95后遇到的事情都很小，甚至有一些鸡毛蒜皮。可是，就是这些看起来很小的事情，却会在刹那间毁了他的好心情。其实，要应对以上状况并不是很难，比如，告诉别人夹菜我自己来；公交车不来时可以听听歌，等不及就打车；拍拍前面走得慢的哥们儿让自己先走；把熊孩子当作自己的弟弟、妹妹来疼爱。

表面上看，95后男孩被毁掉的好心情，来源于一些不期而至的意外状况。可是，那些状况并不是毁灭性的，根本不足摧毁自己苦心维护的好心情。生活中难免有风吹草动，甚至会有不可预期的天灾人祸，然而灾难面前也应保持微笑，乐观的精神可以战胜困难。同样，一些意想不到的强迫感，也会让前一刻还好端端的我们，突然就性情大变、由晴转阴。其实，毁掉我们心情的不是别人，不是那些讨厌的状况，而是我们自己。

那年，高考结束后，有一群小伙伴都落榜了。那时候，大学还没有扩

招，不是 200 分也可以念大学的时代。本来，还有复读重考这条路，可是小伙伴的"底子"太薄了些。等着他们的只有一条路，那就是提前进入错综复杂的社会，开始一段不一样的人生。当其他小伙伴带着忐忑和兴奋的心情去求职时，小秦每天都如临大敌般惴惴不安，脸上更像暴雨即将来临般的阴沉。

小秦有点爱抱怨，昨天说起台风时心情会差到极点，今天说面试的老板坏了他的心情，明天又说远方的女朋友爱唠叨影响心情。一天，一位长者来到了小伙伴中间，直言不讳地对小秦说："小伙子，你的心情是你自己的，别人怎么会随随便便毁掉你的心情。其实，只要你愿意微笑，全世界都会对你微笑；如果你选择垂头丧气，快乐很可能会错过你。能毁掉你的心情的从来不是别人，而是眼下还不够强大的你自己。"

后来，小秦开始学着不去抱怨，他发现自己曾经抱怨的事情，其实也发生在其他小伙伴的身上。可是，乐观的小伙伴们却并没有放在心上，而是该健身时健身、该唱歌时唱歌，并非日日惦记着烦恼，让烦恼默默地在心底发酵。再后来，小秦就算是偶尔碰壁，也不再阴沉着脸，坏心情找不到最初的路，小秦渐渐地开朗了起来。

我曾经为买一份保险而纠结，每天通过不同途径推销保险的人很多，可是我不知道怎样做出选择。后来，我就认识了保险推销员小曾，小曾总是挂着一脸笑容，我很容易被他快乐的情绪感染。我想小曾肯定是招揽的业务量远远超过了他的同伴，才会如此心情大好，于是放心地选择投保给他。

签字后，我好奇地问小曾："你整天心情都那么好，是不是业务量特别大，推销保险也格外顺利。"听我这么说，小曾却道出了实情："不瞒路哥，我每月的业务量都不稳定，比如路哥的保险是本月的第二单，而这个月眼看就要过半了。而昨天，我还被老总骂得狗血淋头，说再没单就要我滚蛋了。"我立即脱口而出："业务量这么低，还挨骂受气，你是怎么笑得出来的？你这是苦中作乐，故作心情很好的样子吧？"

小曾却说："我不想让别人毁了我的好心情，我的心情是我自己的，就算是偶尔遇到波折，我也不会愁眉苦脸。好心情会给我一种能量，让我在接近失败时有勇气再努力一次，让我在接近成功时也会冷静从容。你看到的我的好心情是我自己给的，能左右我的心情的只有我自己，当然能毁掉我的心情也只有我自己，我可不愿轻易看到自己悲伤的样子。"

心情是我们自己的，快乐也是我们自己的，这一切应该由我们自己主宰，而不是轻易被人影响。遭遇挫折和烦恼时，我们依旧能迎风微笑，这并不是我们缺心眼，或者对世事少了一份敏感；而是我们明白，苦也好、累也好，前面的路还要靠自己来走。世界就像一面大镜子，你对着它欢笑，它就是欢笑的模样，你对着它发愁，它就是发愁的模样。

当我们选择了坏心情，选择了懊恼、颓废和绝望，这个世界就是懊恼、颓废和绝望的。而当我们决定珍惜好心情，不让自己的不淡定、不勇敢和不坚强毁掉好心情时，那么我们就可以继续安静地微笑、快乐地行走，直到顺利地抵达想去的彼岸。

晴天心语　　或许我们无法主宰金钱、权力和命运，但是我们可以主宰自己的心情。当我们遭遇不顺的时候，我们可以选择让心情舒畅。好心情可以让我们走得更稳、跑得更远、飞得更高。

无法改变事情，可以改变心情

　　那一年，小凯只有 17 岁，还是个高中生，他的梦想是考上清华、北大那样的学校。可是，通往梦想的路上总有许多考验，很少有一帆风顺的坦途。

　　小凯的母亲突然病了，那场病来得毫无征兆，而且病情急转直下，很快年轻的母亲就变得身形憔悴了。母亲在住院三个月后，最终没有抵挡住病魔的袭击，在医院的病房里与世长辞。小凯的泪水像开了闸的洪水汹涌而出，他哭红了眼睛，也哭哑了嗓子，甚至哭得阴云密布，灿烂的五月天竟也有一丝丝寒意。

　　邢文是小凯的班主任，年纪比小凯的母亲小一些，平时却把小凯当成自己的孩子。眼看六月的高考就要来了，邢文不忍心看到小凯的心情受到太大波动，影响到他的高考。于是，跟小凯来了一次推心置腹的交流："小凯，我知道母亲的过世让你很痛，可是人生中有些事情是无法改变的，你母亲过世的事实是我们谁都无法改变的，但是我们可以改变自己的心情，放下悲痛坚强地面对生活，这也是告慰母亲的一种方式。"

　　母亲出殡的那一天，许多亲友纷纷劝小凯别太伤心，小凯的姑妈还说："这一天，如果你哭得太厉害，会让母亲无法安心上山的。"其实，亲友们无非是希望小凯别太难过，毕竟逝者已矣，而生者还需要勇敢地生活。没想到，这一天，小凯特别镇定，脸上平静得像一潭没有波澜的死水。不哭的小凯反而让亲友们惊慌了，大家还以为小凯是受打击太重，甚至连流泪都不会了。

小凯淡然地说："我会把对母亲的怀念放在心底，我相信，在天国的母亲也希望我坚强勇敢。"如此一来，亲友们担忧的心才略略放松了一些。后来，小凯继续努力地备考，没有受到母亲病故的太大影响。小凯的班主任邢文本来担心小凯会在高考中惨遭滑铁卢，没想到，小凯还是稳稳地考上了北大。那一年，小凯的故事被登上了本地的许多报纸，不仅一些学子很关注小凯，一些成年人也深深被震撼。

人生无常，生命中总会有一些猝不及防的悲剧，比如，病痛带走了我们的亲人，或者曾经心仪的女生嫁给了别的男生。可是，当我们无法改变现实之时，没有必要赔上自己的心情，毕竟日子再难过也得过，与其难过倒不如敞开胸怀。或许现实无法换一种颜色呈现，但我们可以让自己的心情换一种颜色。

我们的心情就像墨镜镜片，当镜片没有任何色彩时，我们不得不和真实的世界面对面。并非我们无法直视现实，只是有一些事情已成定局，我们即使投入太多负面情绪，也是于事无补的。当墨镜有了不同的色彩，我们对世界就有了不同的观感，涤荡坏心情回归好心情，就像给墨镜换一幅色彩亮眼的镜片，我们视野里的世界会更美妙，从而让我们的心底激荡起继续生活下去的勇气和信心。

我曾经供职一家公司，公司老总不仅对业务很潜心，对炒股也怀有非常大的兴趣。有一段时间，股市的行情特别好，几乎每支股票都能赚钱，老总的脸上堆满了笑容。老总有几次就对我说，等过一段时间将股票变现后，要买别墅，还要买豪车，还要跟老婆来一次为期三个月的环球旅行。

生活常常不按我们想象的发展，在股市由牛转熊后，老总跟大部分股民一样赔得很惨。有一次，我问老总到底赔了多少钱，起初他一直都不肯说，后来才低声说："恐怕我们公司过去两三年都白忙活了。"看着老总愁眉紧锁的样子，我相信他真的遭遇了很大的损失，而且那些丢在股市里的钱是真的追不回了。

没几天，我看老总又是一脸春风般的微笑，不知道的人肯定以为有好事发生了。可是，我并没有听说股市有好转的迹象，而公司也没接到任何大订单，不知老总何以心情变得这么快。我按捺不住自己的好奇心，于是找老总打破砂锅问到底："您的心情变得这么快，这得有多大的喜事呀？"没想到，老总摆摆手，说："人生不如意十之八九，坏事哪能那么容易变成好事？股票上的事情往往是无法改变的，跌都跌到了谷底哪能随便涨回来？可是，股市的钱追不回，我也不可能永远都垂头丧气的，坏心情只会吓坏我的员工和客户。虽然改变不了突如其来的坏状况，但我完全可以改变自己的心情。心情是人生的一种能量，坏心情走了好心情就来了，这不仅让我自己不再颓废，也会让我身边的人感受到力量。"

人生没有绝境，就算是真的身陷绝境，我们也可以换一种心情，毕竟未来还有很长的路要走，别让坏心情成为一种惯性，影响了未来的征途。

晴天心语 当事情到了无法改变的境地，我们就要试着改变心情，心情或许不是成事的关键因素，却能让我们的人生多一种可能。

想不开就不想，得不到就不要

那些年，我还在一家柯达快速彩色冲洗店打工，柯达公司每年都会有一定的培训名额，优秀的彩扩师可以到上海的中国总部学习。在当时的我看来，要成为一名优秀的彩扩师，不仅要按照顾客的要求冲洗出完美的照片，还得去上海的柯达总部好好"镀"回"金"。

可是，一连几年，我都没得到去培训的机会，不是店里没有获得培训的名额，就是老板没有推荐我去。慢慢地，冲洗技术由传统转向了数码，柯达总部的培训的针对性也开始加强。然而，柯达公司的技术转移并不彻底，整体的运营也开始出现下滑。那一年，柯达公司最后一次举行培训活动，一再和培训失之交臂的我，也格外希望能够去上海学习。

当时，我是店里的首席彩扩师，而另外两个彩扩师，一个是老板的侄子，已参加了上一期培训，另一个是试用期都过不了的新人。我想，这一次培训机会一旦落到店里，老板再没有任何理由不让我去。可是，我依旧没有等来自己想要的结果，去上海参加最后一次培训的不是别人，而且我们老板自己。

毕竟那是最后一次培训机会，错失就是永远的错失，可想而知我的心情是多么懊恼。获知消息当晚，我在附近的酒吧买醉，甚至连任何朋友都没约。当我喝得有几分醉意时，好久不见的大刚"冒"了出来，还坐在了我对面的位置。大刚是粗线条的人，他听完我的唠叨后，只是大大咧咧地说："得不到就不要，不是你的就不是你的，或许你失去的是一个培训的机会，但是你可能获得了更大的世界。"

还真被大刚说对了，由于我没参加那次重要的培训，慢慢地，我跟传统彩扩甚至数码彩扩都越走越远了，我开始思索自己的第二段职业生涯。由于对文学的兴趣很大，渐渐地，我开始涉足文学创作，并且兼任某企业内刊的编辑工作。当传统彩扩日益衰败，直到我们的店关门大吉时，我并没陷入巨大的恐慌中，而是自然而然地转入了新的行业。不敢说我后来的职业是多么风生水起，至少让我平稳地度过了职业生涯中的考验，不至于像我的同事等到非转型不可时，却不知道到底该往哪边走。

生命是一场不断进取、不断求索的过程，可是并非每一次进取都可以抵达彼岸，并非每一次求索都可以有所收获。得不到的机会、荣誉或权力，或许根本不属于当下的你，甚至你永远都无法得到，何必等到在现实中撞得头破血流才清醒。得不到就不要，不是一种任性，也不是在撒娇，得到是一种美好的拥有，得不到也是一种洒脱的转身。当我们错过了一条小溪，或许我们可以迎来浩瀚的海洋；当我们错过了一棵树，或许我们可以拥抱整片森林；当我失去了曾经最爱的人，但是不能失去爱的勇气和能力。

那一年，我不过二十出头的年纪，爱上了一个年纪比我大的单身女人。她跟我所有喜欢过的女孩子都不一样，她不幼稚、不胡闹，也不纠缠，但是她更懂得我心底的需求，能更好地体贴我、照顾我，同时也很享受我给她准备的小惊喜，把那些当作天大的幸福。我想，这就是我要找的女人，我不在乎她比我大，不在乎她曾经有过家庭，甚至还有个留给前夫抚养的孩子。我们曾经憧憬过美好的未来，甚至我们还约定不管多苦多难，或者遭遇多大的阻力，也绝不松开彼此的手。

　　可是，她的孩子一直体弱多病，时不时就有个头疼脑热，一时半会儿还医不好。她的前夫没辙时，就会打电话唤他过去照顾，一照顾就是三五天，甚至好几周。好几次，我看到她、她的前夫和孩子在一起愉快地逛街，孩子甚至完全看不到病愈后的憔悴。我有一种想质问她的冲动，可是想了想还是作罢了，我愿意相信我和她的感情，而她每次过不了多久还是会回到我身边。可是，我没有觉察到感情的危机在萌生，直到有一天，我发现她离开了，带走了属于她的所有东西，只留下了一封简单的诀别信。

　　她说她离开不自己的孩子，慢慢地，也适应了和前夫在一起的默契，或许爱没有那么浓烈、那么甜蜜，也没那么义无反顾，但是共同的孩子、曾经的婚姻让他们熟悉得像一家人。她说就算不为她自己，不为她自己的幸福着想，也要为孩子的未来着想，完整的家庭才能让孩子更加健康地成长。她说我应该选择更年轻的女生，年龄或许不是太大的障碍，可是情感不该是一场障碍赛，选择最适合的才是幸福的根本。

　　她说的都不是我想听的部分，我只要她说"我爱你"或者"我喜欢和你在一起"，可是爱情来得快去得也快。当我的心伤痛莫名时，她早已从我的世界消失，仿佛我们从来不曾有过交集。我打过几次她的电话她都没有接，去她家找她也是大门紧闭，直到看到他们一家三口幸福地出现，我的整个世界都崩塌了。

　　我带了几打啤酒，坐在江边的台阶上，边喝着啤酒边吹着江风，我的心情就像夜色中的江面一般黑暗。当我的脚一点点亲近江水，接着迈步想让江水亲近我的身体时，一位环卫大叔拦腰抱住了我："小伙子，不要玩水，玩水是很危险的！"其实，我并没有轻生的想法，但是当被当作轻生者救上来时，我的心理防线瞬间就崩溃了。我带着哭声说："我想不通她为什么要离开我，我们是那么相爱，可是她为什么说走就走？"

环卫大叔轻声细语地说："想不通就别想，何必为难自己的心？你看江面是漆黑的，可是天空却有一轮明月。你看长夜是漫长无边的，可是明早的朝阳即将升起。孩子，努力地生活吧，不为别人，只为你自己，为你下一段更好的感情。"

环卫大叔诗一般的话语，让我所有的伤痛刹那间得到平抚，我也就没有了继续在江边逗留的理由。

晴天心语

不想，不要，只是和昨天的伤痛告别，告别之后，是和崭新的自己相遇，是让自己有缘遇到更好的机会、感情和人生。

想改变事情的结果，就先改变心情

我们常常悲哀地认为，很多事情都是天注定的，事情的结果最初就决定了，不管我们如何折腾都改变不了。其实不然，我们的行为常常会受心情的影响，不同的心情会有不同的工作态度，不同的工作态度会有不同的工作效率，最终事情的结果显然是被心情决定的。

所以，我们希望改变事情的结果时，不如从改变心情开始。或许我们的心情改变了，事情的结果无法完全改变；但是如果我们的心情不改变，没准会让事情越来越糟。显然，如果我们希望扭转乾坤，希望让事情的结果朝好的方向发展，改变心情是不可或缺的尝试。

我的邻居小眉是一家报社的接线生，虽然接线生每天都会遇到不同的人，但是通话的内容却是大同小异的。很多时候，电话那边说得唾沫横飞，小眉却一副无精打采的样子。有几次，小眉听着电话竟然差点睡着了，没听清楚对方的话，只好让人家复述一遍。时间长了，小眉跟自己说："不管电话那边的人会不会察觉，至少我觉得自己真的没做好，没准哪天会因此丢了工作。"

小眉后来悄悄观察了一下报社里的另外一个接线生小嫚。小嫚每天都是笑意盈盈的，她经过的地方都充满着欢笑。小嫚做着跟小眉差不多的工作，也是每天不间断地接电话，可是她脸上却很少有不耐烦的表情。跟小眉千篇一律的"您好，请讲"不一样，如果来电者不是那么急吼吼的，小嫂会跟对方闲扯一会儿，说说天气或者最近的热门话题。

同样是一个热线电话，小嫂不仅聊得乐滋滋的，而且要记录的事情也从容地记了下来。小眉忍不住说小嫂："你跟对方又不熟悉，扯那么多干吗，还不如快问快答，这样多节省精力。"小嫂笑着说："我陪对方聊天，对方也在陪我聊天。大家心情都好了，交流也就顺利了，交流的效果也就更加突出了。"听了小嫂这么说，小眉改变了原来的工作方式，工作效果明显比以前好了。

有一段时间，我临时住在郊区的酒店里，每天很晚才从市区赶回郊区。郊线车班次有限，而且早早地收了班，我不得不每天搭乘出租车回去。

出租车司机都非常敏感，一听到我报出的目的地，马上车窗一摇就开车走了。后来，运管部门对拒载查处得严，不许出租车司机提前询问乘客目的地。可是，我每次搭乘出租车，一上车报出目的地，很多出租车司机马上就拉下脸来，虽然我不至于被赶下车，但是出租车司机一路碎碎念，无非是路程太远没有回头客，言外之意恨不得把我请下去。

可是，不管出租车司机怨也好、念叨也好，我付了车资肯定需要抵达目的地。本来临近午夜时分，车内和车外都静得吓人，慢慢地，我和出租车司机都不讲话了，那种静沉寂得可怕。其实，我也可以和出租车司机聊聊天，然而对方像包青天一样的脸，让我自觉无趣，只好默不作声。再后来，遇到这样的出租车司机，我索性一上车就打瞌睡，等到了目的地就付钱走人，甚至连基本的谢意都不再表示了。

一次，我也是在临近午夜时分叫了一辆出租车回郊区的酒店。我略带歉意地报出目的地时，才发现司机是一个帅气的90后："作为出租车司机，就是要把乘客安全送达目的地，我们没有办法选择。但是，何尝不是乘客付车资带我们兜风呢？如果光从收益方面讲，或许去郊区有回头客的机会小，不过用好心情去面对，没准就会有好的结果。"说完，90后出租车司机播放起了轻缓的音乐，也随意地和我聊聊天、解解闷。这样的行程，显然比司机和乘客的冷面"对峙"效果要好很多。

到了我所在的酒店，见附近有一大片美丽的湖水，他还停下车，悠闲地欣赏起夜色中的湖面来。而我也好心地提醒他："小帅哥，你看完风景，把车往前开一点，前面是一家四星级酒店，深夜都会有客人去高铁站或机场，你不妨去碰碰运气。"大约十五分钟后，我看他的车准备回到市区，而写着"空车"的牌子被按了下去，显然他并不是空载而归。

或许并不是每一趟深夜的郊区之行都有回头客，但是伴随良好心情的常常是良好的服务。而乘客面对良好的服务往往会情不自禁地点赞，如果往后有临时需要叫车的情况，肯定会优先考虑那些服务好的出租车司机。比如那个90后出租车司机，我不仅在那个晚上"指点"了他，还在日后好几次需要包车时，首先想到了他。

其实，抱怨有什么用？抱怨无法改变事情的结果。有时候，愉快地接受不是"认命"，而是一种适时的接纳和认可。比如，乘客面对碎碎念的出租车司机，面对火气直冒的出租车司机，要么是同样的横眉冷对，要么就是一番直来直去的争执。反倒是如果出租车司机是乐观的，那么乘客感染了那份乐观，也会适时将好运传递给他们。

晴天心语

想改变事情的结果，首先要改变自己的心情。当你的心情变了，别人会感受到你的变化，也会用更好的态度对待你，你自然也会获得好的效率，最终获得梦寐以求的好结果。

如果你的心中装满过去，就无法容纳未来

在《非诚勿扰》的舞台上，开场赢得 24 盏灯全亮的男嘉宾，到了最后时刻却只剩下 1 盏灯。轮到女嘉宾做决定的时刻，女嘉宾说："你的心底还满满地装着你的前女友，我认为自己没有办法挤进你的心房，成为你情感世界甜蜜的未来。"令人唏嘘的是，男嘉宾的心动女生就是最后的女嘉宾，只差那么一点点他们就可以牵手离开，还能参加一次浪漫的爱琴海之旅。

其实，在男嘉宾开场介绍以及跟众多女嘉宾的沟通过程中，他就无数次提到了自己的前女友，甚至将那个已然不会实现的山盟海誓昭告了天下。然而，在爱情的世界里女生都是自私的，没有哪个女生会爱沉溺于过去的男生。过去或许是追不回的往事，但是过去的魔力却格外好，让心长久地留在过去，便无法轻易地容纳更精彩的未来。

在感情的世界里，很多人都有一段段过往，过往也不是可以轻易擦掉的。可是，聪明人只在心底给过去留很小的空间，毕竟反复回味过去不仅唤不回过去，甚至也会硬生生阻挡通往未来的路。我们的心房那么小，如果过去占据了太多的空间，未来就无法挤进去了。

而一个积极迈向未来的年轻人，无疑要跟退潮的昨天说拜拜，一沓情书、一堆旧照片，还有一些与爱有关的信物，如果可以能销毁就销毁，爱情的证物太容易勾起回忆。其实，最美的爱情不在于回味，不在于曾经幸福地拥有，从容地牵手，走过岁月的春夏秋冬。与过去隔绝，并不是对自己残忍，而是对自己的仁慈。不畏将来，不念过去，其实才是更好地告别过去、接纳未来。

很多相亲成功的人士，都很少提及过去的恋情，就算是不得不提及，也会选择轻描淡写、一笔带过。男女之间的交心，并不代表毫无保留地倾吐，生命中有可以共享的记忆，但是不代表过去的全部都可以拿来分享。关于爱情，过去的恋情在某种程度上是禁区，我们没有理由让新欢来共享，对过去少一些不必要的留恋，才能空出一颗心去迎接未来。

公司曾经招聘了一位中年男士，曾经有过辉煌的工作履历，据说他的销售业绩在业内都是传奇。可是，老皇历毕竟是老皇历，他以前的辉煌成绩，都是大家看不见的过去。每当他炫耀自己的历史时，同事们都很少接他的话，有性急的同事甚至直言不讳地说："不要躺在昨天的成绩上呼呼大睡，有本事你做出点令人信服的业绩来。"可是，他却还是回了一句："想当年，我可是业界的 NO.1（第一名），我拿销售冠军的时候，你们恐怕还在念初中呢！"渐渐地，大家都听腻了他翻旧账，甚至都对他视而不见了。

而在业绩方面，他虽然曾经叱咤风云过，但是那也是很久以前的事情了。他的老客户基本上都无法继续接洽，而新客户需要新的策略来争取，他从前的那一套不怎么管用了。然而，每每想到自己过去很厉害，这位大叔也不太愿意向年轻人一样全力以赴，而是不慌不忙地等着机会的降临。等 NO.1 大叔一直没有给出 NO.1 的成绩，甚至不过处于中下水准而已，大家纷纷对他的能力产生了怀疑。

其实，过去的成绩就跟过去的感情一样，最终都会随着时间的大潮被甩到一边。旧情重燃绝对是小几率事件，而职场中的你我，很难凭过去的辉煌勇闯天涯，过去的成功不代表今天，更没有办法代表未来。如果把心留在了过去，对过去的点点滴滴都津津乐道，而不是从中摆脱过去、寻找通往未来的办法，那么最终也只能哀叹"长江后浪推前浪，前浪死在沙滩上"。

可想而知，如果那位大叔不尽早从过去跳脱出来，不能更好地在未来和职场融合，恐怕别说他重来一次 NO.1 的奇迹，就算是他能不能继续待在公司，都会成为一个大大的问号。身在职场，过去有时候是一种资历，但更多时候，却是地地道道的包袱。心中留存太多过去，就像背着包袱前行的旅者，不仅不会感受到太多快乐，反而会因负重而疲累。

过去和未来，从来都不是绝对对立的，只是我们需要理顺两者之间的关系。过去已然成为过去，我们可以适时缅怀，但是过去只是翻过去的一页，不可占据现在或未来。试想，倘若过去是已然写就的历史，那么未来才是可以铺陈的奇迹和辉煌，清空过去、接纳未来也就不难理解了。

晴天心语　空出一颗心，当爱来临的时候，我们就可以好好地爱一场。空出一颗心，盛放自己的未来，为拥有精采的明天好好拼一回。

错过了太阳，请好好珍惜月亮

大松是我的同乡，年龄相仿的我们有很多共同语言，常常有事没事就一起喝酒海聊。大学时，大松有一个非常喜欢的女孩子，可是他迟迟都不敢主动表白，直到女孩子毕业后音信全无，他才开始懊恼不已。后来，大松还辗转得知其实女孩曾经也心仪大松，不过后来她有了意中人，并组建了自己幸福的小家庭。

这下可不得了，大松像着了魔一般，见了我们一帮朋友就说"真是错过了""我当时为何那么内敛"，或者"如果我再勇敢一点"。可是，人生根本没有重来的机会，人家女孩不仅有了自己的小家庭，小宝宝都快要出生了。本来，大松应该重启新的感情，可是他却偏偏选择了钻牛角尖。

一次，大松在江边的露台吃烧烤、喝啤酒，打电话叫我和几个哥们儿同饮，刚好大家的时间不凑巧，都去不了。我手头也有事情在忙，虽然我没有去，但是心底却很是担心大松。没想到，大松不仅没有出什么事，而且还是乘公交车回来的。我非常惊奇地说："我以为你小子不跳江，也会在江边熬到凌晨，没想到你竟然早早地回来了。"

大松笑着说："我在江边遇到一个中年人，那个中年人仿佛洞穿了我的心事，只说了一句话——小伙子，当你错过了你最爱的人，难道还要错过末班公交车吗？听他这么一说，我立即急匆匆地收拾东西追上了末班公交车，不是因为想省打车的钱，而是我心底的结已然打开，我很想回家好好睡一觉，从明天开始积极工作，积极生活。"

　　虽然人们常说"错过也是一种过错"，但是错过已然成为事实，再怎么懊恼和自责都无济于事。就像大松为失去心仪的人而颓废，接着他还会错过最后一趟公交车。虽然大松还可以选择乘坐出租车，可是空荡荡的末班公交车性价比显然更高。我们很容易在一次错过后方寸大乱，接着会第二次、第三次坠入错过的旋涡之中，最终变成无休止的恶性循环。

　　有个从北方来的男孩子，他说他以前最大的梦想便是在江南水乡发发呆，比如去闻闻油菜花的香味。可是，他刚到南方，工作的千头万绪就让他难以分身，到了周末他又累到懒得动弹。于是，当油菜花在城郊开得鲜艳时，他却一次次下定决心去看，一次次又因为这样那样的原因放弃了。直到油菜花黄了，又谢了，他依旧没有和油菜花有过一次近距离接触。他常常遗憾地说："我盼油菜花盼了十几年，想不到，当油菜花近在咫尺时，我竟然鬼使神差地错过了。"

　　油菜花谢了，南方的荷花开始绽放，莲蓬也开始慢慢成熟，这些也是北方男孩没见过的。当我们提醒他去观荷赏莲时，他也信誓旦旦地说："油菜花都错过了，荷花和莲蓬可不能错过，我要背着单反相机去好好拍摄一番。"荷塘不仅城郊有，不远处的公园也有，男孩大概觉得随时都可以去观赏，反而一直都没安排时间前往。夏天过了，秋天来了，男孩又错过了南方的荷花。

　　很快，由于工作原因，男孩要从南方回北方了，错过了油菜花和荷花，他只想看看南方秋日的芦苇荡。可是，芦苇荡却不在省城，而在临近的某市的小村庄，去一趟还真不容易。由于归期接近，而手头的工作不仅要推进，同时也要进行烦琐的交接，男孩的工作时间都满满当当的，甚至连例行的双休日都取消了。

男孩说："我从来都没那么真实地感觉到时光的流逝，时间真的就像水一样哗啦啦地流着，可是我却完全没有办法阻挡它的步伐。"没多久，男孩已经踏上了北上的列车，他跟南方的所有关联只在办公室，而他曾经对南方的想象还停留在想象中，仿佛根本没有亲近过自己梦寐以求的江南美景，就从终点又回到了起点。

本来，这是一个喜剧的开场，梦想南方的男孩到了南方，可是最终故事却以黯淡收场，男孩曾经离南国风光近在咫尺，可就是因为这样那样的原因，却错过、一再地错过，直到错过得就像不曾经过。错过是一个大大的遗憾，要想不错过，只需适时地走出去，把所有的借口和犹疑放在一边，想看油菜花就看油菜花，想看荷花就看荷花，想看芦苇荡就把芦苇荡的美定格在心底。

人生就是一场不停歇的行走，或许我们不经意间错过了太阳，当夜幕降临时，连一抹余晖也难以追回。但是，当一轮明月高高挂在天际时，月色是那么柔和，夜空是那么美，我们又有什么理由再次错过，错过那一盘无比美丽的满月呢？或许日月星辉是一种轮回，但是不该让错过成为轮回，不是每一次错过都可以弥补，甚至可以那么圆满地重来一次。

不能说错过的根本不属于我们，但是当错过一旦变成事实，我们也只好默然接受。人生就像四季的更替，错过了春天，还有夏、秋、冬，错过之后不该是下一轮的错过，而应该是不顾一切的珍惜，只有珍惜才能避免错过，只有不再错过才能拥有无悔的人生。

晴天心语　错过之后不要再错过，显然是适时的珍惜，让我们抓住时机，勉力前行，让人生更加丰盈美满。

没人会嘲笑你，因为别人没时间关注你

有一段时间，我经常做一个相同的梦，梦中的自己竟然忘了穿鞋，在城市的大街小巷行走，甚至光着脚去公司打卡上班。可想而知，梦中的我是多么地惴惴不安，那双脚更是特别不自在，仿佛所有人的眼睛都盯着它，而我也成了天大的笑话。

后来，我去找了一个学心理学的朋友，把令自己苦恼的梦境告诉了他。他只是笑着说："路，其实你真的没有必要紧张兮兮的，穿鞋是走路，光着脚照样是走路。或许你以为别人会嘲笑你，其实事实的真相不一定是这样的。"

接着，朋友就要脱了鞋往大街上走，任我怎么拦都拦不住。朋友穿着长西裤、短衬衣，还打着一条鲜红的领带，光着脚显得那么不和谐，甚至有一些滑稽的味道。虽然大街上不是人流如织的时段，但是来往的行人依旧不少，大家匆匆来匆匆去，就像永不停歇的河水。朋友光着脚走过整条步行街时，也就只有三两个路人打望了他一下，更多人都是一掠而过，根本没有多在意我们。甚至，朋友回到自己的办公室时，同事们都没多瞅他的脚一眼，还如常地和他寒暄问好。

说来还真奇怪，自从和朋友见面后，那个重复光临的梦就不见了，同时我也少了因做梦而骤醒的情况。显然，很多时候，只是我们太关注别人对自己的看法，硬生生把自己推向聚光灯的中心。可是，平平淡淡的生活并不是舞台，我们也不是舞台中心的演员，而台下也没有那么多观众。生活就是这样，我们根本没那么多观众，可是我们却幻想被他人的目光包围，让自己被无谓的压力弄得很累很累。

我们常常活在别人的世界里，期待着别人的鼓励和赞许，如果点 32个赞我们就会兴奋很久，别人给我们戴顶高帽子我们就舍不得摘下来。同时，我们跌跌撞撞地寻求梦想，又害怕别人哪怕一点点的嘲笑，仿佛嘲笑具备摧毁一切的力量。可是，嘲笑与否那是别人的事情，没有人替我们走人生的路，我们不为别人的赞许而活，也不该为别人的嘲笑而苦恼。而且，就像我们光着脚走过步行街，其实也没几个人嘲笑，因为大家都忙着赶路。

乐碧是一个喜欢舞蹈的女孩子，她没事就在舞室里独自练舞，偶尔也会加入伴舞的行列。前不久，某民歌女星来本地参加一场拼盘演唱会，需要一个几十人的伴舞团体，乐碧和她的伴舞团体有幸入选。那支舞的编排很不错，可是乐碧的动作总是慢半拍，这让她苦恼不已。等到演唱会快开始时，乐碧却打起了退堂鼓："我的动作比大家慢，恐怕到时候观众会笑话我，女星也会责怪我拖了后腿。"伴舞的团体领队却淡淡地说："我说你行你就行，既然入选了就好好跳起来。"

演唱会如期而至，乐碧也不好临阵脱逃，当音乐响起的时候，舞团也跟着跳了起来。表演结束后，从舞台上下来时，乐碧抓着我的手说："路哥，刚才我在台上紧张死了，手心脚底都是汗。我慢半拍的毛病好像还是没改过来，台下一定很多观众在嘲笑我吧，我今天真是糗大了。"我相信乐碧说得一点也不假，她手心的汗水都粘到我的手上了，那肯定是紧张的汗水。

我松开乐碧的手，笑着说："刚才我没看到观众嘲笑你，大家都很享受女星的演唱。就拿我来说吧，我都没怎么关注你的舞蹈有异常，或许你真的略略慢了半拍，但伴舞整体的协调性掩盖了你的不足。其实，很多时候，你真的没有那么多观众，那些观众不一定是为你而来。换种思路，嘲笑也是另一种关注，遗憾的是别人不一定会嘲笑你，就像别人也不会轻易地赞美你一样。"

乐碧相信了我说的话，显然也被我说服了，从演唱会的场馆走出来，她整个人都变得轻松了。后来，乐碧再伴舞时压力就小了很多，大部分时间都旁若无人，自己该怎么跳就怎么跳，认认真真地踩着节拍跳。当乐碧变得心无旁骛时，伴舞的感觉也特别好，不久以后，她慢半拍的现象也彻底好转了，后来她还成了团体里的优秀成员。

人生是一趟目的地不明的旅行，能够决定我们走到哪儿、走多久的，并不是掌声够不够多或者嘲笑声够不够少，也无关有多少人期待我们的成功，而是我们是否有一颗无畏无惧的心，是否有一定要走下去的无悔的坚持？

没有人会嘲笑你，因为别人没时间关注你，每个人都风尘仆仆地走在路上，当你太在乎那些嘲笑，被嘲笑紧紧地包围时，最后嘲笑你的肯定是你自己。

晴天心语 谁都想成为众人瞩目的焦点，谁都担心从四面八方袭来的嘲笑，然而获得关注并不是一件容易的事情，倒不如千山万水先起程再说，不要理会那些根本不存在的他人的眼光。

再不愉快的事，总有过去的一天

泽雨在网上认识了一个女孩，女孩在另一座城市快乐地生活。和许多聊得投机的男女一样，他们网聊的频率变得越来越高，而且也开始频繁地视频聊天。再后来，泽雨便乘高铁去她的城市找她，她也会来泽雨的城市相聚。相聚的时刻是甜蜜的，可是他们相聚的次数少得可怜，更多的时间只能在网络里传达相思之情。

慢慢地，爱情没有敌过时间，更没敌过空间上的距离。原来，女孩在自己的城市曾有过男友，他们曾经爱得轰轰烈烈。女孩和男友分手后，才开始在网上和泽雨联系，恋爱的感觉也让她觉得非常甜蜜与难舍。可是，女孩的男友很快回心转意了，近在咫尺的男友加上昔日的恋情，让女孩很快做出了新的选择，那就是重新回到男友的怀抱去。

其实，男男女女、情情爱爱的事情也很平常，泽雨想时间总会冲刷掉难过。可是，有一天女孩却突然从天而降，他们照常一起逛街、吃东西，然后窝在家里追剧，和他们以前在一起时毫无二致。然后，女孩说自己很喜欢 iPhone 6 手机，上次和男友逛街的时候多看了一眼，男友就借钱买下来，可是，女孩不想花男友的钱，因为她还是觉得泽雨更适合自己，想找泽雨借钱还给男友，然后跟男友彻底分开算了。

泽雨也没什么钱，但是为了女孩他还是东拼西凑借到了钱，然后亲自将女孩送上回去的高铁。接着，诡异的事情发生了，女孩竟然从泽雨的世界消失了，女孩不接泽雨的电话，社交软件中也将泽雨拉黑了。虽然泽雨不肯相信自己被骗了，但是女孩真的来去匆匆，只为了那么几千块钱就人间蒸发了。

这段不愉快的经历，让泽雨又难过了好长时间，心里很不是滋味。如果好好地爱过一次又不得不分开，也没有什么好纠结，青春本来就是在跌跌撞撞中成长的；可是，被亲密无间的人这样伤害，经济上的损失倒是可以忽略，但是情感上却很难接受。好长一段时间，泽雨都郁郁寡欢，也没再跟任何人提起他的遭遇。

泽雨说："从今以后，我再也不会轻易恋爱，更不会随随便便相信女人。女人真的是一种太可怕的动物，你向她交出你的心，她却不仅是无情的偷心人，还会狠狠地刺你一刀。"这段不愉快的经历，就像心魔一直伴随着泽雨，让他在之后的日子里一直都快乐不起来，就像歌里唱的"再也没有快乐起来的理由"。

可是，泽雨的不快乐并没持续多久，差不多半年后他迎来了爱的转机。泽雨遇到了一个非常单纯可爱的女生，女生有一脸未经风雨的稚气，她的微笑也清澈得像一汪泉水。泽雨立即卸下了之前的种种防备，他曾经伤痛的心顿时被融化。难怪有人说了，要治疗一段情伤，唯一的良药就是新欢，如果情伤难愈，不过是新欢不够好。

其实，人生的伤痛最好的私人医生是时间，足够的时间会抚平一切伤痛，流过血的伤口也会结痂然后复原。日子一天一天往前推进，再痛苦的经历，再不愉快的事情，总有一天会被时光的大手翻过，然后我们就进入了新的一天，开始了一段全新的旅程。或许我们不知道那美好的一天什么时候会到来，但是就算再不愉快的事情总会有过去的一天，我们要用积极乐观的心态去面对。

　　我永远都记得妈妈去世的那一天，妈妈跟病魔斗争了几个月，可是最终还是撒手人寰。从小妈妈就格外疼我，为了让我吃得饱、穿得暖，她经常跟着一些壮劳力去干活，每每领了工钱就给我买好吃的。有时候，我去给妈妈送午饭，她都舍不得我给她换工，而是好话说尽去求她的工友或工友的家属，生怕瘦小的我累坏了。妈妈为了我一生劳碌，什么脏活、累活都愿意做，她心底只装着我的未来，却从来不为自己想半分。

　　我从来都不敢想，没有妈妈是一种怎样的情景，我以为妈妈会陪我一生一世。可是，妈妈说走就走了，我的世界也坍塌了，泪水忍不住地汹涌而出。我的人生就像驶入隧道的列车，我以为那是一生都走不出的黑暗，时光甚至会长久地停滞。而那段时光，真的特别难熬，我常常想念妈妈想到走神，致使工作和生活都变得一团糟。

　　我不记得，从哪一天开始痛没那么深了，笑容又是从何时回到了我的脸庞，不再把自己关在家里，而是去见朋友。我从来不曾想，我可以走出没有妈妈的疼痛，但是当时间呼啸而来又呼啸而去，我最终却可以慢慢地勇敢，慢慢地坚强，慢慢步入人生的正轨。这说明，再不愉快的事情总有过去的一天，或许那一天来了我们也了无知觉。但是我们的不愉快总有被幸福替代的时刻。

　　其实，人生何止会有不愉快的事，甚至会有一些惨烈的状况，会有撕心裂肺的痛，会有汹涌而下的泪水。关于爱情，我们可以说天长地久；关于伤痛，我们不必说永远，永远有多远，是伤痛也抵达不了的遥远。只要我们笑着面对不愉快的事情，总有一天，我们可以潇洒从容地转身，迎接扑面而来的美好。

心是一切的根源

晴天心语 好心情和坏心情的转换需要多久，这分明是无解的谜团，可是那一点点对未来的乐观和坚强，会让我们最终告别痛苦、拥抱幸福。

Chapter 04
第四章

每一次破碎都是一次重生

在我们处于人生低谷时，我们会渴望挣脱一切的枷锁，我们会希望自己从来没有走过弯路。其实回过头去看看，没有一次摔倒是毫无意义的，也没有一次成功是侥幸的。很多事看似偶然，但只有在我们重生后才会意识到这一切是必然。

人生就像一杯茶，会苦一阵子，不会苦一辈子

　　有个 80 多岁的长辈亲戚，独自住在乡下简陋的房子里。那个房子晴天漏风、雨天漏水，据说还有几只瘦骨嶙峋的老鼠，没日没夜如入无人之境地在房子里跑来跑去。这个长辈亲戚没有直系晚辈，只有一些上了年纪的乡邻为伴，日子过得清苦又寂寞。

　　我每次回乡下，都会去她的房子里看她，有时候留下点水果和零食，再或者塞一两百块钱给她。每次，她总是抓着我的手说："孩子，我没什么苦的，每天还能晒晒太阳、和邻居唠唠嗑，不像你们年轻人东奔西走，每天都累得够呛。"看着她在屋子外面晒太阳，阳光一点点落在她的身上，她眯着眼睛开心地笑着，我想她或许真的没我想象的那么苦。

　　等我走到村口时，却有乡邻跑来告诉我，其实她刚刚生了一场病，打了好长时间点滴，这两天才略微好一点。其实，她受过的苦又何止这些，她曾经结过一次婚，丈夫很年轻就过世了，后来她一直一个人撑着过。有一些年头，她甚至靠乞讨过日子，晚上睡在天桥下或废弃的建筑里。直到这几年，各级政府对孤寡老人的关爱多了一些，而她年纪也真的大到走不动，于是就回到了村里的老房子里。

　　可是，我和她接触的时候，却很少听到她提到"苦"字。甚至在乡邻为一点小困难叫苦时，她总是在一边笑眯眯地说："谁会苦一辈子？好日子迟早会来的。"每次，听她这么说，乡邻也不好意思再抱怨了。毕竟，

在所有人眼里，不管日子有多苦、有多难，也不可能苦过她、难过她。

有人说，人生就像一杯茶，会苦一阵子，不会苦一辈子。我想，我的这位长辈亲戚是深谙这个道理的，所以她这一生虽然贫困，但是却从未失去生活的希望。

说到饮茶，其实我并不是爱茶之人，我更喜欢碳酸饮料或果汁。我觉得甜丝丝的饮料更可人，能更直接地通过喉间直抵心底，那种感觉更猛烈、更畅快。当然，不得不说，饮料的甜是没有回味的，汹涌的甜蜜之后是说不出的酸涩，是让嘴巴涩也让心底涩的味道，那种味道就像人生中遭遇的突如其来的失落。

朋友小何在湖北省恩施州利川市开了一间茶楼，许多茶叶都是他亲自去茶场采摘，然后耐心地翻炒和晒干的。小何跟茶有着很深的感情，他说他很喜欢待在茶楼里，闻着茶香、迎着茶客、说着茶事，人生纵有再多烦恼都消散了。他说得一点也不假，我总见他在品茶，品茶的他是那么幸福，像万水千山走遍后的淡然，又像成功在握后的欣然。

一次，我去利川出差办事，自然要去小何的茶楼转转。小何为我准备了"冷后浑"，据介绍这是上等的好茶，非贵客来绝对不会拿出来。"冷后浑"的特征是，茶汤冷却后，会出现浅褐色或橙色乳状的浑浊现象，但是当茶再次被加热后又会恢复清澈。我被"冷后浑"的神奇深深地吸引，也非常感谢小何的深情厚谊。

我端起那杯清香的冷后浑，顿时仿佛感受到一种莫名的美好，茶香在我的鼻尖一直盘旋，挑动着我按兵不动的味蕾。然而，当轻轻品尝一口后，我平常饮茶时的"折磨"又来了，那便是茶香中透着的苦涩，让我不由得皱起了眉头。我平时就是不喜欢那一丝丝的苦涩，于是宁愿喝没有营养价值也没有生活品位的饮料，也不愿意优雅地端起一杯茶。

小何满怀期待地看着我，我却吐了吐舌头，说："苦!"小何笑着说："第一口茶，苦是正常的，你不妨多喝几口看看。其实，茶是越泡越有味道的，一次次冲泡稀释了浓度，也稀释了苦涩的味道，而真正的茶香才开始弥漫，开始在喉间不断地酝酿，最终我们虽然不曾饮酒，却在茶的气息中沉醉了。"

小何本来就是诗人，诗人的话说得特别有诗意，同时也让我醍醐灌顶。人生就像一杯茶，茶的苦涩会慢慢变淡转香，我们的日子也不会一直苦下去。清香的冷后浑，只有最初的两杯是苦的，人生也只是苦那么一阵子，而一辈子那么长，艰苦的日子不会一直相随。天黑之后有黎明的曙光，一场大雨之后会有彩虹的光临，气象的变迁有点像女人的脾气，总会坏一阵也会好一阵，耐心才会等到最后的幸福，也才能真正领会她的曼妙。

有时候，青春的单恋是美好而痛苦的，很多人常常没有表白的勇气。表白的背面或许是甜蜜，也可能是被拒绝的难过，但是表白被拒绝只会难过一阵子；不试试就选择放弃，等到真正遗憾地错过之后，可能会是一辈子的难过——心结难解。其实，选择一阵子还是一辈子，需要的不仅是人生的勇气，而且也是一种为人处世的智慧。

我们过日子，其实无非是多想几步、多试几步、多走几步，前面是什么样的路况，或许是颠颠簸簸，或许会曲曲折折，但不愉快的体验不会贯穿一生，人生终有苦尽甘来的时刻。

晴天心语 吃苦，或许就是人生的一种历练，就像我们要抵达最后的终点，沿路的坎坷和荆棘不仅是考验，其实也是一种不可或缺的历练。

泪水洗过的眼睛会更加清澈

有一段时间，大约是刚进入社会的时候，我总觉得身上的压力特别大。我尝试过去顶楼吹风、看月亮，或者去更远的湖边扔石子、打水漂，还爬到过城边最高的山顶大喊。可是，我的心情却并没有好多少，我还是被沉沉的不良情绪压得喘不过气来。

一天，我跟朋友一起喝了点酒，虽然还没到喝醉的地步，但是状态却飘飘忽忽的。回到家后，我坐在空荡荡的客厅里，CD 里播放着许美静安静的歌声。我听着听着，一种感伤的情绪就开始泛滥。不经意间，我的泪水迷蒙了眼睛，男儿有泪不轻弹，没有特别伤感的事情，我竟然梨花带雨地哭了。哭完，我的心情马上就变得像一片晴空，纯净到没有云彩，只有绚烂的蓝的晴空。坦白说，那一刻的心情雨过天晴，就像驶出隧道的车辆，顿时就豁然开朗了。

虽然知道泪水可以缓解自己的情绪，但是毕竟是顶天立地的男子汉，不可能有事没事就泪洒人前。很多时候，哪怕是压力大到要爆炸，也会忍住自己汹涌的情绪，只是让自己尽快平静下来。职场中也好，生活中也罢，总会有扑面而来的风暴，在风暴之中难免受伤或流血，风暴之后会长久地陷入痛苦之中。痛苦也是需要一个的小小出口，而泪水显然是一个宣泄的出口，宣泄过后是云淡风轻、月朗星稀。

眼睛是心灵的窗户，泪水洗过的眼睛总会更加清澈，就像水洗过的窗户也格外明亮。其实，我们不必为一时的泪流而惭愧，就像潇洒的风也会有阻断的时候，就像澎湃的雨也会因屋檐而转弯，就像傍晚的彩虹也会慢慢被夜色覆盖，我们没有办法回避迎面而来的伤痛，偶尔红了眼眶也不是多大的事。

坚强是人生中最宝贵的品质，然而最引人关注的并不是痛也不说、苦也不讲，而是穿越岁月的苦痛之后，最终站在了人生的制高点。流泪并不是懦弱，流泪并不是放弃，流泪更不是我们对岁月投降。流泪也是一种坚强，流泪也是一种勇敢，流泪也是一种迎着阳光的从容。流泪只是一次短暂的停歇或思考，流泪过后，我们的视野会更开阔。

几年前，我在一家广告公司任职，梅姐是我们的大姐大，统领着公司上下几十号人。当时，我们都在背后说，梅姐是当代"铁人"，风吹不倒，雨打不怕，是最倔强、最勇猛的"小强"。梅姐的性格也确实风风火火的，她自己做事雷厉风行，也不允许我们有半点拖拉。如果有谁拖了公司的后腿，她势必会不留情面地批评一顿。

有个周末的晚上，我回公司拿一些资料。拿完资料，我看见梅姐办公室的灯亮着，便想着去跟她打个招呼。没想到，门是虚掩着的，我轻轻地一敲门，竟然将门推开了。于是，我看到了窝在老板椅里的梅姐，她的泪水像瀑布一样在倾泻。显然，我被眼前的情景吓到了，手足无措、进退两难，不知如何是好。

没想到，梅姐看到我的时候，并没觉得有不好意思。等整理好情绪和面容后，她露出了暖如春风般的微笑，还招呼我在她对面的椅子上落座。梅姐说："今天是周末，我们可以随意地聊聊，不必理会上下级关系。"我忍不住还是问："梅姐，你到底遇到什么为难事了？我能不能帮上忙？"

这时，梅姐认真地说："小路，你别看我人前强硬，我本来就是个地道的爱哭鬼。其实，我今天并没什么特别难过的事情，可能是工作上和生活中积攒的压力太多又无法排解，让我的心压抑得非常难受，每当这个时时候，我就会找个没有人的地方放肆地哭一场，哭过后，心情就开朗了，许多想不透的事情就透彻了，理不顺的情绪也就理顺了。"

看我不言不语，梅姐笑着说："小路，你应该也有这样的时刻，哭过或者有一种想哭的情绪。其实，哭是泪腺发达的表现，如果想哭都没有泪，那才真正是一件糟糕的事情。不过，我们一般不在人前哭，因为有人会笑我们哭，有人会心疼我们哭，或者当众哭有那么一点点难看。我们可以适时忍住泪水，在夜深人静时、在独处一室时再放声大哭，哭是一种不可剥夺的权利，哭也可以像笑一样张扬。换言之，其实我们可以偷偷地哭，同样也可以高调张扬地哭，哭并不是很丢脸的事，也不必太在意旁人的眼光？关键是我们在哭过之后，可以重新厘清人生、铿锵赶路，最终抵达我们的目的地。"

梅姐的话让我豁然开朗，那一次不曾向人提起的落泪，也不再觉得是不可示人的糗事。当再次遇到情绪难以排解时，我都会悄悄地大哭一场，让泪水一次次冲洗眼眸，而眼眸也一次比一次明亮，一次比一次充满了希望之光。显然，泪水不是一种自我示弱，而是一种心情的释放，一种自我的反思和肯定，让自己找到最纯净的自己，不至于陷入内心的迷茫。

我们的孤独虽败犹荣，但是流泪之后，我们的心不再孤独，因为它和快乐为伴。

晴天心语　　哭比笑有力量，笑是一种阶段性满足；而哭却是吹响前行的号角，可以带我们去往更远的远方，实现更美的梦想。

摔倒了不要空手站起来，哪怕抓一把沙子

郑智化是 70 后、80 后最热爱的歌星之一，他整整影响了两代中国人，我们来看看属于他的一段故事——

郑智化三岁时患上小儿麻痹症，至此双腿失去了行动能力。初恋时，郑智化的女朋友是个漂亮的女孩，两个人也曾经憧憬过未来。郑智化希望通过音乐圆梦，也让女朋友过上体面的生活，然后生个可爱的孩子，一家三口幸福地生活。遗憾的是，女孩的母亲却不赞同这段婚姻，常常阻止女孩和郑智化约会。一次，女孩和郑智化在逛街，女孩的母亲硬要带走女孩，还羞辱郑智化说："就凭你这个形象，你还想学人家大明星登台唱歌，我劝你还是早点醒醒或者买点药回来吃。"

女孩很爱郑智化，但是更希望有一份被祝福的感情，母亲的话都说到这个份儿上了，女孩只好选择结束这段感情。失去了挚爱的女朋友，还被硬生生羞辱了一番，郑智化不由得泪湿眼眶。他写了一封长长的遗书，甚至都下定了决心自杀，最终心念家人才作罢。可是，当从痛苦中挣扎出来后，郑智化反而坚定了对音乐梦想的追逐。那时候，他一边在一家广告公司打工，一边又抽闲暇时间创作。失恋后，他创作的劲头反而变得更足，直到 25 岁他的第一首歌曲《开心女孩》发表，在市场上获得了非常不错的反响。

后来，女孩虽然嫁作人妇，但是女孩的母亲特地找到郑智化，为自己

最初的失言致歉。郑智化并没有记仇，只是淡淡一笑而已。后来，郑智化说："初恋的伤痛，犹如人生中的一次跌倒，但是我起身的时候，抓住了我的音乐梦想。而那年，我写的遗书在很多年后，也变成了一首传唱度很高的歌曲，便是我的《别哭，我最爱的人》。"失去了初恋，得到一首好歌，就像跌倒并不是只留下了伤痛，还留下了一笔沉甸甸的收获，显然这应该是郑智化成功的秘诀之一。

孩提时代，我们蹒跚学步的时候常常会跌倒，跌倒后总是习惯空着手站起来。然而，我们下一次前进的时候，没准又被同一块石头绊倒，泪水再次爬上我们的小脸庞。可以想象我们的小脸庞是多么无辜，可是再次爬起来的时候，或许我们又一次忘记了些什么，而那般的天真，用时下的话来说就是一个"萌"了。当然，我们或许是被一块石头绊倒，或许我们只是忙着赶路，却忘了看路罢了。

萌，对于小孩子是褒义词，对于工作状态的我们却可能是贬义词。毕竟，萌跟很傻很天真还是形影不离的，面对纷至沓来的工作和压力时，我们需要一颗足够理智的心。或许没有一份工作是顺风顺水的，或许我们也会被工作难倒，甚至会把一些事情搞糟。但是我们应该把损失降到最低，这是重启美好人生的希望，是避免跌入谷底的因应之策。

我们在工作或生活中遇到的挫折有大有小，大部分挫折并不会将我们彻底击倒，不像一场大火甚至会摧毁所有的一切，当我们从挫折中重新树立信心，首先要做的便是从挫折中吸取经验。就像有人说的那样，摔倒了不要空手站起来，哪怕抓一把沙子也好。人生没有两手空空的旅程，旅程总会让我们留下记忆，甚至是一辈子的宝贵财富。而人生也不该有两手空空的摔倒，跌倒后两手空空地站起来，失去的是一次对人生的审视。抓一把沙子，不仅是摔倒的不妥协，更是对未来的坚毅和倔强。

我们可以哭，但不可以流泪；我们可以流泪，但不可以放弃。人生就是一个跌跌撞撞前行的过程，我们不知道自己会迷失在哪个路口，也不知道在哪个上坡路会跌倒。就像郑智化在歌里唱的那样："风雨中这点痛算什么，擦干泪，不要怕，至少我们还有梦。"摔倒的人站起来悄悄抓了一把沙子，就像远航的水手经历了意想不到的挫折，也仍然不忘"抓"住自己未竟的梦想。

生活从来不嫌弃举步维艰的人，但是生活会看扁不思进取的人，或者在跌倒后只顾喊痛，却不知道跌倒也是一种历练的人。我们会遭遇失败，但是我们不能白白失败，失败应该是通往成功的钥匙。我们可以跌倒，但是我们也不能白白跌倒，跌倒之后吸取教训，抓住机遇，就像抓住了通往黎明的曙光，就像抓住通往天空的翅膀，就像抓住通往水面的方向。

晴天心语

没有一次跌倒是白白的跌倒，没有一次痛是无谓的痛，从跌倒中反思，从痛中回味，去思索如何获取明天的顺畅和甜美。

享受阳光就要接受阳光下的阴影

"如果你无法接受我最坏的一面，那么你也无法享有我最好的一面。"这是一个女孩写给旧情人的微博。

其实，女孩最坏的一面，不过是爱打呼噜的坏毛病，一点大大咧咧的性格，来不及收拾的周末房间。而女孩最好的一面，却是女孩无限的耐心、无比的忠贞、无边的温柔，还有一张永远笑意盈盈的脸。不再惦记恋人的好，却只专注恋人的坏，恋情告急也就不奇怪了。或许失恋的女孩浸染了一点点伤感，但是那也是走向明媚的伤感。

生命里的好与坏，不光是恋情里变幻的感观，还有我们奋进的人生。"一览众山小"固然好，然而上山的艰辛却是一种历练，如果一味地选择抱怨、选择退缩，走不过最坏的那一段路，也就无法俯瞰群山、欣赏最美的风景了，最终留在心底的只会是遗憾了。苦尽甘来，阳光总在风雨后，虽然有一点点老套，但却正是我们抵达梦想终点的能量。

正所谓，吃得苦中苦，方为人上人。好与坏，其实只是人生一时的状态，当下的艰难、挫折和阴霾，转眼都会变成未来成功的动力。倘若无法接受苦口的滋味，就没办法品尝到苦涩散去后沁人心脾的那一缕甜。从坏到好，需要的不仅仅是智慧、能力和机遇，其实还有不可或缺的一份坚守。

小时候，我们看电影、电视剧时，常常会问一个很幼稚的问题：到底谁是好人，谁又是坏人？其实，不管是生活中还是影视作品里，没有一个人是绝对的好或坏，好可以向坏过渡，坏也可以向好靠拢。

当我们不再以好与坏为标准判断一个人，当我们能够同时享美好、笑纳缺撼的时候，我们便是真正成熟、真正富有的人了。

说到光辉无比的太阳，我们还会想到讨厌的黑子，可是黑子从来无法掩盖太阳的光芒万丈。当阳光普照的时候，如果我们在享受阳光的同时，总是嘟哝着"为何我的身后有阴影"，这显然是无聊的吹毛求疵，拿自己的快乐换烦恼，鸡蛋里挑骨头——没事找事。

有阳光，就有阴影；有雪落的浪漫，就有雪化时水流成河的街道；繁星点点的夏夜很浪漫，无处不在的蚊虫也无法阻挡；大草原的广阔无边让人流连忘返，飞扬的沙尘却让人睁不开眼睛。

大幸福常常伴随着小烦恼，没有十全十美的幸福人生，也没有糟糕透顶的痛苦时刻，大幸福的背后是小烦恼，大烦恼的背后也有小幸福，幸福和烦恼总是如影随形的。我们不该因为幸福而忘记烦恼，也不该因为烦恼而否定幸福。

在阳光缺席的日子，我们看不到自己的阴影，但是我们的眼前却是灰暗的。其实，我们何必惧怕阴影，阴影只是阳光美丽的投射，就像快乐的记忆投射在心底，那是有着温度的暗黑痕迹，而不是莫名的寒与冷。

有一个新婚的女同事说："想不到，我老公那么英俊潇洒，平时也是仪表堂堂的，可是晚上睡觉时却会打呼噜，跟猪圈的大肥猪无异。他打呼噜的时候，我恨不得一脚把他踢飞，可是又怕伤着他，只好自己饱受晚睡和失眠之苦。不过，万一哪一天真的忍受不下去的，我没准会跟他说拜拜。"

没有人会为打呼噜而离婚，这样做也太非主流了，不是我的女同事能做得出来的。可是，女同事的抱怨却没停，我们的耳朵都快听出茧子来了。

突然，有一段时间，女同事不再抱怨，而且也没有了熊猫眼，不用猜，我们也知道她已习惯了老公的呼噜声。

又过了几日，她竟然悄悄跟要好的女同事说："真是活见鬼了，我现在又开始失眠了。"当别人问她："你不是适应了老公打呼噜吗？"她有些失落地说："不是啦，我的老公出差了，没有他的呼噜声，我反而睡不着了。"

我们享受着阳光，却不愿意接受阳光下的阴影，其实不是阴影不可爱，或许只是我们不愿意接近它。阳光有阳光的煦暖，阳光下的阴影也别有一番风情。

就像影视作品中的人物没有绝对的好与坏，生活中的种种际遇也没有简单的好与坏。我们要懂得享受阳光无私的温暖，也应该有勇气接受阳光下的阴影。在阳光下沉思，在阴影下欢笑，如果我们的心是纯净的，我们的整个世界都是纯净的；如果我们的心是悲观的，我们的整个世界都会充满悲情，我们何不选择纯净的快乐，而非要选择无谓的悲情呢？

当生命的美好向我们袭来，我们却总是看到美好背面的小小阴影，这样不仅会让我们变得不快乐，还会让美好一点点凋落甚至消失。眼光决定我们的去向，胸怀决定我们的得与失。当我们看到了未来，未来就会向我们走来；当我们惦念着美好，美好就是我们幸福的所得；当我们开始患得患失，我们就会失去眼前的幸福。

晴天心语　站在阳光下却看到阴影，站在阴影里却看到阳光，这不仅仅是角度的问题，也是心态的问题。享受美好时，也能接纳坏，或许一点点的不完美，会让我们更接近完美。

有些路，明知是弯的，也一定要走

从小，我就不喜欢光头和板寸，更喜欢略微留点头发的自己。当 F4 和《流星花园》席卷全国时，我甚至幻想过留一头飘逸的长发。当然，幻想只是幻想，我还是保持着自己的发型，那或许就是我的风格或态度。

一次，发型师鼓动我试试板寸，说换个发型不仅能换一种心情，还能遇到不一样的自己。我依稀记得自己小时候试过板寸，那副模样到现在我都记忆犹新，不合适的发型就像一顶丑帽子，当时的自己真是惊呆了所有人。可是，发型师不停地游说，让我开始有些犹豫。

发型师游说的时间很长，真正挥舞剪刀的时间却很短，三下五除二，我的新发型就宣告完成。童年的记忆迅速再次浮现，虽然发型师不停在后面点赞，我依旧感觉镜子里的自己不忍细看。当我顶着新发型回家时，亲友们也纷纷掩嘴一笑，有人甚至直接说："我劝你，不如直接光头好了，这发型也太不适合你啦！"

当然，不能全怪发型师，其实我明知板寸不适合自己，心底却还有一个想试的声音。我们常常是那么奇怪，明知前面的路是曲折的，甚至不是通往成功的正确道路，却偏要走一走，哪怕多费时间或者多付出一些代价，也在所不惜。或许，人生从来都不是直线路程，弯路或许是坎坷或艰辛的，但是走过也是一种历练。

某作家在全国有非常大的名气，他写的小说各大期刊争相发表或转载，他出版的书籍也有非常不错的销量。可是，在他创作劲头高涨的时候，却做出了暂别文坛的决定。他选择去某林区挂职，想对神秘林区有更深的了解，以后要写一系列林区小说。当时，文坛上的人都说："想了解林区，去采几次风，或者查点资料就可以了，何必一定要住在林区，甚至在林区生活几年之久。"

作家并不理会别人的闲言碎语，想好了挂职就认真地去实施。挂职虽然并不是特别辛苦，但是工作多少会挤占创作的时间，一段时间内，创作成果多少也会受到一些影响。渐渐地，文学圈开始议论，作家去林区是不是走了弯路，白白损失了创作的大好时光。作家说："这是我要走的路，就算知道是一条弯路，也一定要走下去。"

几年后，随着作家结束了在林区的挂职，他的一系列林业小说也陆续发表或出版了，一时间成为文坛重点关注的对象，各种文学类奖项也纷纷颁给他，作家的文学事业无疑更上了一层楼。后来，别人一旦提到他，必然会提起他的林区小说，林区小说俨然成了他的醒目标签。

可想而知，如果作家不去挂职林区，不是实实在在地感受过林区，不是每天在林区过着日出而作日落而息的生活，又怎么能写出那么好的小说来？然而，有人采访作家时，他却说："我是真的热爱林区，林区的神秘世界让我向往，我也期待和野人来一次约会。或许对于我的创作，挂职林区可能是一条弯路，但是对于我的人生，哪怕明知是弯路，也是我必须走的。"

许多人总想走捷径，总惦记着两点之间直线最短，可是直路并不是最好走的路，没有哪个城市的地铁不绕过楼宇或江河，也没有哪一条铁路不是在城市与乡村中绕来绕去。想着走直路的人最终走了弯路，一路曲曲折折后还抱怨不已，却不知弯路有时是最近的距离。而有些人却愿意走弯路，他们明白人生从来没有坦途，适当的曲折是不可回避的际遇。

　　许多成功人士在功成名就之前，常常都会走一段很长的弯路，比如做一份和自己事业不相符的工作，歌星孙楠曾经是一名普普通通的油漆工。在当时的孙楠自己看来，做油漆工就是自己糊口的手艺，唱歌只是刷油漆时的消遣。如果时间换到今时今日，大家可能会想，孙楠如果早一点入行，可能会给歌迷带来更多好作品，而他在事业上的成就可能更辉煌。

　　可是，孙楠也不知道未来的模样，可能刷油漆一辈子，或者干别的更累的工作。人生常常不是看得见的直路，而是一条充满变数的弯路，可能会料想它是弯弯曲曲的旅程，但是不管前路有多少风险和辛酸，无畏无惧地出发便是一种姿态。或许弯路不一定就能曲径通幽，或许弯路之后还有更多弯路，但没有什么比在路上更值得骄傲，没有什么比随时可能抵达让人激动。

　　走吧，走吧，人总要学着自己长大。直路让我们增加的不过是里程，而弯路让我们收获的是历练。在直路上，我们只是感受到了时光的推移，或许也有幸福的滋味，却淡了些。在弯路上，我们却能体味世事的无常和成功的不易，心底是岁月积淀的力量和丰盈。上天是公平的，有坦途有崎岖，有直路的畅快也有弯路的逶迤。抵达从来都不只是到达而已，抵达沾染着风霜雨雪的气息，穿越了城市和乡村，穿越了山川和江河，最终得以揭开时光的谜面，到达我们向往或不向往的远方。

　　晴天心语　　捷径，并不是距离最短的路程，而是最快到达的路程。弯路或许不一定好走，也不一定可以顺利到达，但却是值得一走的旅程。

曾经让我们懊悔的错误，不过是成功的伏笔

　　黎伟只有一个梦想，那就是做推销员，做中国最牛的推销员。可是，牛人并不是想做就能做的，牛人最初时都难免灰头土脸。

　　入职的前三个月，黎伟竟然连一笔业务都没有谈成，他推销的不过是日用品，其他同事的战果都是几十上百箱的成绩。当黎伟的老板训斥他一事无成时，他低着头、红着脸说："任我嘴皮都说破了，人家也不愿意花一百多块买一把菜刀，或者花两三百块买一口不粘锅。"老板没好气地说："明天是你试用期的最后一天，我给你介绍几个潜在客户，如果你还是铩羽而归，那我只能让你卷铺盖回家了。"

　　次日，黎伟按照老板给的地址，分别去了四个客户家，可是依旧没办法说服他们。终于到了最后一家，黎伟也不怎么报希望，想着明天自己就要失业了，心情顿时变得格外黯淡。黎伟照例去敲客户家的门，没想到，那扇别墅的大门，一敲就徐徐打开了。屋子里，只有一个病恹恹的老人，坐在餐桌边的轮椅上。黎伟一进屋就捂住了鼻子，原来老人刚刚呕吐过，大部分污秽物进了垃圾桶，也有一些残留在了餐桌或轮椅上。

　　当得知自己要找的客户不在时，黎伟便打算逃也似的赶快离开。"年轻人，帮个忙！"虽然此时老人大声地求助，黎伟还是没有停住脚步。这时，老人的儿子——黎伟的客户李总急匆匆地回家了，然后把黎伟的"所作所为"看得清清楚楚。当黎伟想跟李总交涉时，李总挥舞着手中的一沓资料说："你

们公司的产品我有所了解，本来我急匆匆赶回家，就是准备直接跟你签合约的。可是，你刚才的冷漠，让我改变了主意，我会选择另一家公司的产品。"

黎伟回到公司，被老板骂得狗血淋头，还气呼呼让他收拾东西走人。原来，由于黎伟的疏失，公司失去了一笔几乎到手的 25 万元大订单，反倒是让别的小公司捡了便宜。从公司离开时，黎伟又难过又自责，心底也燃起一团熊熊燃烧的火焰，不知道该把这把火撒向何处。这时，有个和黎伟要好的老同事拍了拍他的肩膀，说："谁没有犯错误的时候？曾经让我们懊悔的错误，不过是我们明日成功的伏笔。你不必一直纠结自己一时的过错，关键是从错误中寻找经验和汲取教训，然后更好地面对未来。"

错误就像身体上的疤痕，有的可以随着岁月淡化，有的却一直顽固地存在。如果一味地沉浸在错误中，根本无法让我们走出错误，反而会增加不必要的心理负担。其实，人非圣贤，孰能无过？出现令自己懊恼的错误，也不是多么丢脸的事情。在通往成功的旅程上，我们难免会走错路，或者犯一些低级错误，但是人生是一个积累的过程，那些曾经让我们懊恼的错误，也会让我们学会审视现状，并且以更好的姿态迎接未来。

就拿黎伟来说，他被老板炒了鱿鱼，并没有改变他想做最牛推销员的梦想。他笑着告诉自己："既然犯了这么大的错误，学费交得也够足了，我就更不能放弃梦想了，反而要将梦想坚持到底。"于是，黎伟一有时间就去书店翻阅市场营销类的图书，还会将报纸上一些名人成功的事迹剪下来，做了一本厚厚的成功指南手册。那一次的错误，更让他意识到销售不仅要讲技巧，更不能忽视的是做人的品德，而这是一生都需要学习的。

很快，黎伟的朋友发现黎伟说话变得文明了，而且闲暇时不再泡吧、跑夜店，而是在家里听古典音乐或者文艺讲座，还报名参加了一个书法培训班。后来，黎伟又进了一家新的公司，负责推销的是高级保健品。

说来真巧，黎伟入职新公司后，遇到的第一个客户是李总。黎伟礼貌地跟李总打了招呼，还为上次犯下的错误道了歉，李总只是沉默不语地听着。接着，黎伟跟李总讲："那次后，我不仅努力学习销售技术，而且也开始修身养性，希望自己不仅成为好的销售员，同时也要成为一个受大家欢迎的品性良好的人。如果李总不嫌弃，我可以送一些保健品给令尊，或许会对令尊的身体有一定的帮助。"李总对面前的黎伟感到有一些诧异，接过一袋保健品一言不发地走了。

三天后，黎伟接到了李总的电话，他不仅要给老父亲买一份保健品，还要给所有公司员工家的老人都买一份。这可是黎伟在新公司的第一笔业务，而且是一笔大得吓人的业务，这让新老板顿时对他刮目相看。黎伟以为这只是自己的运气，如果不是李总重新认识自己，或许自己还是一无所获的小业务员。然而，黎伟的好运气却不止于此，慢慢地，许多他接触的客户都买了他的保健品，虽然订单有的大有的小，累积起来却是不错的成绩。

几个月后，黎伟便从一个试用期的小业务员变成了公司业务量领先的金牌业务员。对于自己几乎是跨越性的发展，黎伟多多少少有一些不真实的感觉，不过业务量的增加还是让他欣慰。后来，黎伟还接到了李总的电话，李总邀请他去自己的公司，在营销部担任重要的职务。黎伟有一点动心，毕竟那是一份职位更高、薪水更多、保障更好的工作。

决定去李总公司求职时，黎伟在空间说说里写下这样一句话：曾经让我们懊悔的错误，不过是成功的伏笔。

晴天心语 谁都希望自己每一件事都干得漂亮，可是免不了还是会犯下糟糕的错误。其实错误不仅是我们通往成功的一道坎儿，同时也能促进我们快速地成长和成熟，为成功打下坚实的基础。

成熟不是人变老，而是含着眼泪却还保持微笑

"喜欢上人家就死缠着不放，那是十七八岁才做的事"，听郑智化这首歌的时候，我刚好是十七八岁的年纪，十七八岁都爱装得成熟一些，"衬衫的纽扣要故意松开几个，露一点胸膛才叫男子汉"。

很多时候，我们真的不够成熟，也清楚地知道成熟是将来时，年轻的我们只是在装成熟。伪装的成熟也是一触即碎的，当我们以为自己很酷的时候，真正成熟的人却在一边窃笑。后来，我们慢慢以为成熟是一张脸，是一张风尘仆仆的脸，是一张开始出现鱼尾纹的脸，是一张容颜老去的无法年轻的脸。

可是，当我们年龄渐长，当男生开始长出胡须，当女生的身材开始曼妙，我们还是离"成熟"两个字很远。我们像野草一样茁壮地成长时，却总有人在我们耳边说："你真幼稚，你到底何时才能成熟起来？"这时，我们开始绝望地以为，只有自己变成大叔或大妈，而不是被叫哥哥或姐姐才是真的成熟。没有人愿意被岁月的手拽着，然后凭一张满脸皱纹的脸，向全世界宣称"我终于成熟了"。

人终归不像满树的果实，春天开花夏天成长，然后于秋天金灿灿地成熟。我们的成熟不该是慢慢变老，不该是万水千山走遍，也不该是坐着摇椅慢慢聊。成熟应该无关年龄、无关容颜，成熟只是内心开始变得强大而已。成熟是在遇到挫折后，哪怕眼里含着泪水，嘴角还能保持微笑。含泪

微笑，并不是心底没有苦的滋味，只是放声大哭稀释不了苦，只有怀揣淡然的心情，才能让苦不那么苦，让甜格外甜。

刚工作时，我受到了老同事的排挤，他不是在同事面前奚落我，就是在老板面前贬低我。我初来乍到，想尽力保住这个饭碗，也只好任他捉弄，不做激烈"反扑"。但是，那种被欺负的滋味却不好受，我忍不住悄悄告诉自己："等哪一天，我做你的顶头上司了，一定会好好收拾你。"有一次，这个老同事在客户面前出我洋相，让公司丢了一个不小的订单。本来，我准备拿了订单得了奖金，给母亲买一部冷暖空调。当时，我被老同事气得都快哭了，眼泪在眼圈里直打转。最后，我收起泪水，在老同事和客户面前，依旧笑得那么淡定、那么从容。

第二天，公司召开例会，成事不足的我做好了挨骂的准备，毕竟我丢的订单给公司造成了损失。没想到，例会一开始，老板就宣布给我升职加薪，还非常温和地说："小路，你比起刚来时成熟多了，公司就需要心智成熟的人，这样的人才能给公司带来希望。"当我还一脸诧异的时候，老板说了一句很富哲理的话："成熟不是人变老，不是年纪渐长，而是就算含着泪还能保持微笑。"

当然，捉弄我的老同事也得到了应有的惩罚，老板非常严肃地说："不管你是存心捉弄小路，还是真的童心未泯、玩心大发，当你的行为伤害了同事、影响了公司时，就是不成熟的、幼稚的表现。成熟并不是你比谁大十岁、二十岁，而是你的行为是不是像个大人，有没有独立的思考，会不会感染别人，对集体有没有正面效应。"

也是从那一刻起，我开始对成熟有了更深刻的认识，也就慢慢没有了急着长大的欲望。其实，成熟跟季节无关，跟年龄无关，跟身体里拔节的声音无关，成熟只是一种姿态罢了，我们不再扭扭捏捏，我们不再容易受伤，我们开始变得坚强，可以和失败面对面，也可以坐下来跟匆忙来去的自己谈谈。

那个时不时欺负我的老同事，后来真的成了我的下属，如果我要整他简直是小菜一碟。可是，我拥有了一定的权力，却没了付诸行动的欲望，甚至开始觉得曾经自己的想法是那么可笑、幼稚。我不仅没有为难这个老同事，而且还给了他许多工作机会，让他得以好好展现自己的才华。这谈不上以德报怨，我只是觉得职场中的争斗，是一件太累太累的事情，何必让自己置身旋涡之中？

当然，成熟不代表一帆风顺，成熟不代表没有颠簸和坎坷，成熟还是会流汗、流泪和流血。成熟不是一张慢慢老去的脸，成熟是风雨不侵的乐观姿态，成熟是就算流汗、流泪和流血，也不会轻易被击倒的坚强，就算被击倒也不会认输的倔强。成熟不是暮色沉沉，成熟不是月光黯淡，成熟是一抹破晓的曙光，成熟是无法磨灭的希望。

不要为成熟而懊恼，幼稚的时光终将过去，当我们学着慢慢长大时，成熟就是岁月送给我们的礼物。或许有人迷恋青葱的容颜，然而掠过岁月的成熟，其实另有一种别样的风情，足以让人细细品味。成熟并不是可怕的，只要我们的心不动摇，我们的快乐和幸福便不移不动，我们就有勇气走向更远的远方。

晴天心语　　成熟永远只关内心，和我们的容颜无关、年龄无关，泪中有笑是一种态度，更是一种温度。

叹气最浪费时间，哭泣最浪费力气

　　母亲是个大大咧咧的人，哪怕家境一度非常困窘，我们也从未见她叹过一次气，或者流过一次泪。有时候，我会问母亲是不是悄悄叹气或流泪，她笑着说："为了这个家，我没有时间叹气，也没有力气哭泣，我要比别人跑得快一点，才能让你和妹妹过上好日子。"

　　父亲却是完全不一样的人，他没有母亲那样昂扬斗志，家里揭不开锅的时候，他总是愁眉紧锁。天上不会掉馅饼，父亲的愁眉苦脸什么也改变不了，渐渐地，他甚至成了家里的旁观者。父亲的朋友劝他说："你是一家之主，你要脚踏实地做排头兵，而不是在困难面前发愁。"

　　如果父亲传递的是负能量，那么母亲传递的则是满满的正能量，让我和妹妹总能坚强地面对挫折，跌倒了不是蹲在地上哭泣，而是擦干泪水迎风微笑。其实，人生常常有不如意的地方，甚至走着走着就磕破了膝盖，然而有苦有甜才是完整人生。谁敢说自己可以顺利抵达成功的巅峰？就算是含着金钥匙出生的"富二代"，一边享受富贵的同时一边也要承受责难，众星捧月的幸运可望而不可及。

　　我曾经有一段恋情，本来进行得好好的，可是女友却突然不知所踪。快乐的心情瞬间跌入冰窟窿，我上班时唉声叹气，回到家也是唉声叹气，我的叹息快要淹没我自己了。父亲摇着头拿我没办法，母亲却拍着我的肩膀说："叹气只会浪费你的时间，要么发动一切资源找回女友，要么寻找爱情的下一站。"

　　有人说新欢才是医治情伤的良药，突然人间蒸发的恋人却是最大的痛，我选择倾尽全力地去寻觅她。一个月后，我得到了女友的消息，她只不过去了一趟远方，有了一次说走就走的旅行。爱情有时候像糖，太甜了也让人想走开，走开让自己赢得思考的过程，而不是草率地终结。

　　女友离开的一个月，也是我寻寻觅觅的一个月，这是她在漫长的旅程中不曾料到的。当我们终于在天涯海角相会时，她一边惊讶得张大了嘴巴，一边感动得稀里哗啦。她噙着泪水说："我以为你这个大傻瓜，只知道待在原地叹气，或者像女生一样哭鼻子。没想到，你竟然追我追到了天涯海角，与其说是你的爱感染了我，不如说是你的精神感动了我。我相信，跟着你这样的男生，我的一生都会快乐无忧。"

　　曾经看过一则国外的新闻，一位母亲和自己的孩子外出，孩子被一辆倾倒的重型卡车压住了，哇哇大哭，围观的都不过是老弱妇孺，虽然帮不上忙也眼含热泪，唯独这位母亲焦急万分，却硬是没有落下半滴泪来。这位母亲四处张望，希望能过来几个壮汉，或者有警察来帮帮忙，显然她的努力都是白费的。后来，这位母亲情急之下，竟然凭着一己之力掀翻了卡车上掉下的重物，让自己的孩子迅速地脱离了险境。专家说，这位母亲瞬间爆发的力量超乎想象，正常情况下，就算来十个壮汉也很难移动。

　　很多人试图解开这位母亲秒变大力士的奥秘，后来大家的意见基本趋同，是母爱的力量让她拥有了惊人的爆发力。当有记者采访这位母亲时，她说："当时，我真没想那么多，自己的孩子陷入险境，哭泣只会浪费力气，我只想全力营救他。其实，我也不知道自己会有那么大的力气，平时我拎两包零食都会气喘吁吁的，没想到紧急时刻竟然抬起了一辆卡车。"

　　没有谁喜欢唉声叹气的人，与其花时间唉声叹气，倒不如勇敢地向前走几步，那么糟糕的处境也会离我们远一些、再远一些。一声接一声的叹息，或许是个人情绪的抒发，但是一方面很难让自己摆脱坏情绪，另一面也会影响自己周遭的朋友。有时候，叹息就像流行感冒，会迅速弥漫到四面八方，让朋友受到不必要的牵连。我们的时间都只那么多，一天也不会有 25 个小时，如果你的时间花在了叹息上，那么你就少了一些奋斗时间，而未来的平庸又将是你再一次叹息的借口。

说到哭泣，这应该是我们与生俱来的能力，小孩子就能哇哇大哭到天昏地暗。可是，就算再能哭的孩子也有消停的时候，哭泣只不过是一种耗费体力的运动。小孩子哭过闹过之后，可以温顺地玩耍或者美美地睡上一觉。可是，成长却意味着不能随便流泪，流泪或许是一种心境的表达，但是没有谁会喜欢梨花带雨的你，特别是这样的你不是别人的恋人，不过是职场上的普通一员。

谁的力气都是有限的，当你把力气用在哭泣上，你就没有力气耕耘了，你今日疏于耕耘，明天就会遭遇一片荒芜。有时候，把泪水收藏起来，并不是对自己残酷，其实世界上没人想看你落泪，倒不如让自己的坚强打动全世界，让全世界都为你的勇敢点赞。与其体味哭过之后的无力，倒不如体验勇敢面对的强大，只要我们的内心强大，全世界的困难都会俯首称臣，只要我们不畏辛酸，未来的美好总会如期而至。

晴天心语　　　把叹息和眼泪收藏起来，把所有的负能量收藏起来，这样我们才有充足的时间和精力去面对风雨兼程的未来。

走自己的路，任凭别人去打车

王嵬是 90 后摄影师，他跟别的摄影师不一样，别的摄影师拍美女、拍名山大川和江河湖海，而王嵬却独独只拍火车。拍火车是一个辛苦活，王嵬要搭乘火车去全国各地，还要事先找到最佳拍摄点，为了拍摄火车驶过那一刹那的画面，他常常要等上几个小时。曾经，在人迹罕至的川藏线，要等一趟火车驶过，需要非常漫长的时间，寂寞会像沙尘一样袭来。几年下来，王嵬行走了几十万公里，就只为拍摄火车的画面，甚至从来不拍摄别的内容。

其实，不时有朋友劝王嵬："你要成为摄影大师，也不一定非要拍摄火车，如果你尝试更多的拍摄题材，没准你会成功得更快一些。"王嵬却笑着说："我从没打算驶入成功的快车道，我也没有想过太多成败的问题，我只是希望把火车拍好而已。或许别人拍摄的内容很丰富，获得成功的概率会大很多，但是这根本无法改变我的选择。"

表面上看，王嵬选择了一条极为艰难的路，就像马路上有人在打车有人却在步行。其实，我们根本无法分清哪条路离目的地更近，我们也没有办法走和别人完全一样的路线。很多人以为，王嵬在慢腾腾地步行，可是作为特色摄影师，他显然走到了许多人前面。人活一世，难免被别人指指点点，甚至来自身边亲近的人。可是，路是自己的，没有人能为我们走一遍人生，就算我们没有打车的潇洒，但是也该享受走路的从容。

还记得，我刚开始迷上写作的时候，大部分创作都是手写完成的。众所周知，手写稿都不是一气呵成的，难免有一些涂涂改改的痕迹，这样的手写稿是不适合投稿的。为了给报刊编辑留下好印象，我会认认真真地将草稿撰写成工整的文稿，绝对不能容忍文稿哪怕有一丝一毫的不整洁或错误。当遭遇退稿时，我会将稿子投给下一家报刊，如果时隔数月石沉大海，我就不得不重新抄写一番。

写稿、抄稿俨然是一种体力活，当我的文友在健身或娱乐时，我却花了大把时间在书写上。抄写文稿是一件枯燥的事情，特别是一次次反复抄写时，让写作不再是脑力劳动，反倒成了拼体力的活。其实，我偶尔也想改善这个问题，希望抄写文稿变得简单些，可以节约出更多的时间留给创作。

后来电脑开始普及，虽然不是每个家庭都有，但是有许多公共的机房。我的一些文友就常去大学的机房写作，还提醒我将写好的稿子输入电脑，等到投稿时，只需打印一份寄给编辑。将文稿输入电脑后，不仅使打印稿件投稿变得方便，而且收到修改意见后改稿也容易得多。可是，我却并没有轻易尝试，我感觉手写稿有一种温度，有一种编辑感受作者诚意的温度，如果手写稿被打印件取代了，编辑和作者之间的交流也变得冷冰冰的了。

虽然抄写稿子是一件辛苦活，但是我却坚持了许多年，而我的手写稿明显比文友的打印体吃香，编辑们常常更多地选用我的稿子。后来，有位编辑告诉我："我知道手写稿的辛劳，自然会认真对待你的稿子。打印体可以随意复制，无形中也稀释了诚意，编辑难免会怠慢稿子，甚至会有选择性地缩减一些用稿了。"慢生活，常常并不是简单的缓慢，更是一种充分准备的游刃有余。

下山时，很多人喜欢选择索道，转眼便从山顶到了山脚下。俗话说：

"上山容易下山难。当登山累得筋疲力尽时，人们常常会放弃一步一个脚印地下山。可是，上山有上山的风景，下山有下山的体验，索道的便捷掩盖了下山的乐趣。一趟完整的登山活动，就像一趟有去有回的旅程，唯有来去从容才能收获更多。我们可以艳羡坐索道的游客，但是也不该放松前进的步伐，山脚下是殊途同归的终点。捷径不属于每一个人，如果没有捷径可走，又何必因有人走着捷径而扰乱正常前进的步伐呢？

在通往成功的路上，我们常常希望有捷径，甚至认为有捷径人生必定能成功。可是，就像任何一次出发和抵达，距离绝不是唯一的标准，直线也往往无法完胜曲线。当我们没有捷径可走时，当我们没有索道代步时，当我们蜗牛一般行进时，这些并不是缴械投降的理由。自己的路自己走，自己的苦自己尝，自己的甜自己品，只要抵达，乘牛车还是乘马车，或者乘四人大轿又有何区别？

咬牙坚持是人生难熬的阶段，在我们拥有辉煌的未来的某一日，曾经一路的艰辛和挫折，还有眼巴巴看着别人飞跃的无奈，都会被成功绽放出的花朵覆盖，花香会取代曾经有过的苦涩。与其羡慕别人的好运气或好状态，不如用脚步丈量通往未来的路，笨鸟若不能先飞也不必气馁，只要不收起飞翔的翅膀，天长水远总有一天可以抵达。

晴天心语 与其盯着别人的交通工具，不如盯着自己的步伐，把对别人的艳羡用在持续发力上，最终总能在终点和别人笑得一样灿烂。

幸福不是因为得到的多，而是计较得少

幸福就像天地一样宽广，没有谁会被遗漏在外，然而人却常常自找麻烦。喜欢计较，到头来真正伤害的不是别人，而是和自己过不去。对别人挑剔，对自己挑剔，不但会夺走上天赐予我们可能的更好祝福，甚至还会把我们现在不多的美好也夺去。

生容易，活容易，生活不容易

孩提时代，我们生活得无忧无虑，日子快乐得没心没肺。

我们很少思考自己是怎么样来到这个世界的。我们的出生日是母亲的受难日，可是我们很难对母亲的痛感同身受。母亲十月怀胎一朝分娩，我们却像一只兔子，从一个草丛跨越到另一个草丛，仿佛出生成为一件非常容易的事情。

有很长一段岁月，是父母支撑着我们的成长，我们只需要穿越时光的风，在四季的轮回中茁壮。母亲的泪，父亲的汗，都被刻意地掩藏，我们过着衣来伸手、饭来张口的日子，无知地认为活着很容易。

当我们缺少生活的参与感时，生容易，活容易，可是我们唯独和生活无缘，不知道生活是怎么样的滋味。然而，生活不会一直与我们隔离，生活就像扑面而来的风一样，总有一天会逼近无所适从的我们。

第一次来到城里，在一条街道的陡坡处，看见一个单薄的少年推着三轮车，三轮车里是满车的煤球。眼看，三轮车就要下滑甚至倾倒，我赶紧上前助上一把力，然后三轮车就顺利上坡了。

看着比自己还小的少年，早早地扛起生活的重担，我才发觉自己过得太安逸了。我也曾问过自己，如果我是少年，是否有勇担重任的勇气，面对生活的陡坡敢不敢迎难而上？至少，在彼时，我的心头是没有特别明晰的答案的。

　　我脸色凝重地离开了，我在想自己不明朗的未来。可是推着三轮车的少年，道谢后，脸上是迎着阳光的笑意。生活不容易，但是谁也不可以投降，与其愁眉苦脸、不知所措，倒不如微笑着迎接风雨。

　　在城市里，我见过许多腰缠万贯的人。但是，更多的人生活在社会底层，日子的艰难程度大大超出了我的想象。为了生活，很多人起早贪黑，匆匆地追赶黎明曙光或急急地行走在夜色里，只希望在生活面前积极一点、上进一点，不要被生活残酷地甩到身后。

　　也有很多老人，就算是从单位退休，拿着一笔或多或少的退休金，依旧不愿意轻易地和生活切割，或享受休闲生活的乐趣。没有谁天生就是劳碌命，没有谁愿意一辈子忙忙碌碌，可是老人体恤后辈生活不易，依旧愿意在晚年时继续发光发热。

　　许多作家都愿意体验生活，希望潜入生活中去，感受书房里感受不到的真实。生容易，活容易，生活不容易，不容易的生活更容易走入作品，不容易的生活也更能引起大家共鸣。作家读懂了生活不容易的本质，其实也就读懂了万千读者的心。

　　生容易，活容易，生活不容易。没有谁可以随随便便成功，没有谁可以轻轻松松抵达，你的不容易会辉映我的不容易，我的不容易会映射你的不容易，"生活不容易"促成了心灵的共鸣，能让在生活中奋力向前的我们唏嘘不已。

　　很多成功人士都有一段黯淡无光的过去，许多当红的电影明星也曾无戏可拍——周星驰曾经做过不露脸的替身，替男主角挨打挂彩甚至流血，留给观众的却只是一个背影。当周星驰还不是星爷时，宋兵乙是他常演的角色，微薄的报酬和不可口的盒饭，让他的生活无趣而艰辛。

　　歌星孙楠也曾经做过油漆工，一天只有几十块钱的可怜薪水，工作服永远都是脏兮兮的，还有一股难闻的油漆味。工作之余，别的工友斗地主或小睡，他就坐在油漆桶上唱歌，他有一个大舞台的梦想，但是梦想在生活面前，却显得是那么遥不可及。

韩庚曾经在韩国做练习生，加入了一个男子演唱团体，但却碍于条约的限制无法露脸。他日复一日辛苦地训练，等到有了表演的机会，他却只能戴着面具出现在舞台，无法露脸，这让韩庚多少有些失望和难过。可是，他选择的是坚持再坚持，就算泪水汹涌也要咽到肚子里。

时空转换，周星驰、孙楠和韩庚都成了大明星，或许那段不容易的生活，慢慢隐没在了时光的深处。或许他们不会轻易提起曾经的酸楚，或许他们最初的疼和痛也会被时光稀释，或许他们会沉浸在此时此刻的幸运和幸福里。

但是，没有那些不容易的生活，就不会有他们今时今日的辉煌。生容易，活容易，生活不容易。不容易的生活是欢笑之前的泪水，却能浇灌曾经干涸的心田；不容易的生活是未来花朵的绿叶，红花也需要绿叶来陪衬；不容易的生活是未来成功的铺垫，会让成功变得更近。

晴天心语 懂得生活艰辛的本质，并不会让我们灰心和绝望，反而更能让我们无惧风雨，无怨无悔地走向更远的远方，走向更灿烂的明天。

幸福不是因为得到的多，而是计较得少

丽莎是邻居张叔的女儿，长得一张媲美林志玲的脸，而比林志玲还更多一分青春活力。亲友和邻居们常常说，丽莎应该找一个条件不错的对象，良好的经济基础才是幸福生活的保证。于是，丽莎陷入了不间断的相亲中，各种"官二代""富二代"或年轻有为的青年，被亲友和邻居们带进了丽莎的生活。

可是，爱情是一种本能和自主的心理诉求，常常不会受权力、财富和前途等因素的影响。相亲来相亲去，丽莎并没选择任何相亲对象，倒是和公司里的一位男同事谈起了恋爱。这个男同事其貌不扬，薪水还没有丽莎多，只有一套远城区的按揭小户型住房。还没等大家泼够凉水，丽莎和男同事就领证了，开始筹办起婚礼来了。

有藏不住话的邻居就问了："丽莎，你嫁个"官二代""富二代"多好，现在却要嫁个穷小子，愁吃愁穿，还要辛辛苦苦陪他还房贷，哪有幸福可言？"丽莎笑着说："还房贷就还房贷喽，还房贷是不会让幸福打折的，只要自己不计较那么多，生活比想象中幸福得多。"

其实，幸福常常没有固定的格式，有的女生会向往衣食无忧的豪门婚姻，也有的女生希望平平淡淡携手一生。幸福，其实并不在于你得到了多少，拥有全世界却不能跟最爱的人相守，这也绝不是幸福该有的模样。幸福是一个取舍的过程，在爱情的抉择中，有的人为了金钱舍去感情，也有的人为感情不恋财富，两全其美的事情可遇而不可求。人生就是这样，唯有不强求拥有一切，不计较细微的得与失，幸福才能循迹而至。

老板从宝岛台湾出差归来，给同事们带回许多伴手礼，有可口的美食，也有逗趣的玩具。拿到伴手礼的同事们都很高兴，高兴过后，免不了互相比较。一比较，问题就出来了，有的人认为吃的比玩的强，有的人又认为玩的比吃的好，反正伴手礼都是别人的好。这一比较，一计较，快乐的心情就被郁闷的情绪取代了。

后来，这件事传到了老板的耳朵里，老板简直气不打一处出。等到再去出差，不管去的是什么国家或城市，老板都不再给员工带伴手礼，员工巴巴地等来的是一场空。显然，幸福并不在于我们收获的丰富，而在于我们珍惜我们的收获，不做无谓的比较和计较，比较只会让我们心理失衡，计较只会让我们难以满足，因不满足而产生不愉快的情绪。

我有一段守店的时光，店里常会进来各种各样的顾客。一个春日的午后，店里进来一个小男孩，他坐在大堂的长沙发上。小男孩穿着一件旧衣裳，鞋子也很残破的样子，坐在沙发上的他却很快乐，眯着眼睛感受阳光拂面的滋味。当我端上一杯水送给他，他却笑着跟我说："谢谢哥哥，其实我什么都不要，我只想晒晒太阳，这样就觉得世界很美好了。"我本以为，他需要新衣裳、新鞋子，最起码需要一杯暖的纯净水，没想到他要的，只是自然的馈赠——阳光。

我们总会感受到别人的幸福，却常常抓不住属于自己的幸福，甚至草率给自己贴上"不幸福"的标签。其实，我们何必跟别人比幸福，别人得到的多必然失去得也多，别人的幸福背后一样藏着等量的泪水。我们不过是用自己的泪水跟别人的幸福做不合理比较，这样的比较与其说是合情合理的比较，倒不如说是蛮不讲理的计较。

人们常常以为，在皇宫里最幸福的人是皇上，集万千宠爱于一身，几乎没有自己得不到的东西。可是，皇宫里最爱皱眉的却是皇上，就算整个天下在握，也会觉得自己应该有更大的疆域，就算后宫佳丽三千，也还想要更美的妃子。皇上的幸福不在于他得到得太少，而在于他不停歇地计较，计较让他的幸福黯然失色。

反倒是一些小官小吏，拥有的权力和财富有限，却仍然能笑得开怀。如果这些小官小吏一味地跟皇上比较，那别说笑呵呵地过活，恐怕只会觉得世界暗无天日，幸福是跟自己绝缘的物体了。幸福不会遗漏每一个人，上天会给我们分配幸福，而麻烦却常常是自找的。如果幸福是太阳，烦恼就是黑子，倘若因为计较而烦恼缠身，便有些得不偿失了。

跟不属于自己的地位计较，跟不属于自己的财富计较，跟不属于自己的现状计较，都只会赶走属于自己的幸福。其实，计较不是与其他的人或事较量，计较是现实中的自己和心底那个不强大的自己对垒，最后伤了哪一个自己都是悲剧。而只有不计较，才能在看似不幸福的、芜杂的生活中，与幸福相遇、相伴、相拥。

晴天心语　爱计较，无疑也是不受欢迎的特征，不仅身边的领导同事、亲朋好友会对我们另眼相看，幸福也会绕着我们走。而当我们开始不挑剔时，哪怕是细小的幸福都让我们心生感动，那么幸福也会源源不绝地降临了。

一个人不会永远倒霉

　　人人都难免有霉运缠身的时候，如日中天的周杰伦也不例外：14 岁，周杰伦的父母离异，幸福的家庭从此缺了大大的一块；师从钢琴资深教授甘博文，学了 10 年的钢琴课也同时无奈地戛然而止；16 岁，周杰伦不得不放弃了钢琴，将发展的方向转移到作词作曲上。

　　18 岁，周杰伦参加了一档叫作《超级新人王》的电视节目，他的词曲才能引起了吴宗宪的注意。当时自己创立阿尔发音乐的吴宗宪，迫不及待地走到后台找到周杰伦，并当即签了这个他心目中的音乐才子。周杰伦以为，自己不再是倒霉鬼，怎么也要转运了。

　　遗憾的是，吴宗宪的选择并没有立即"开花结果"，当时的音乐圈没有人喜欢周杰伦的歌。19 岁那年，周杰伦花了整整一个星期，几乎不眠不休地写了一首名为《眼泪知道》的歌。这首歌不仅周杰伦觉得很棒，他的老板吴宗宪也赞叹不止，甚至预言这是一首会长久流行的好歌。

　　于是，吴宗宪找到了天王刘德华，推荐了这首新人写的新歌。可是，天王看了看歌名，就摇摇头，说："眼泪知道？眼泪能知道什么？莫名其妙。"又过了一年，20 岁的周杰伦特地为天后张惠妹写了一首《双截棍》，而天后以此歌和自己风格不相符，同样拒绝了。屡屡被拒，周杰伦觉得自己倒霉透顶了。

　　后来，在吴宗宪的授意下，周杰伦自己作词作曲并演唱的第一张专辑

《Jay》横空出世，获得了非常棒的销量，并在 2001 年的台湾金曲奖大评选过程中，一举夺得最佳流行音乐演唱专辑大奖。

当周杰伦大红大紫后，有记者问他："你会不会埋怨不肯给你机会的天王刘德华和天后张惠妹？"周杰伦笑着说："其实，天王天后的拒绝也有他们自己的道理，那时候我埋头写歌却没研究过天王天后的风格。如果被天王天后拒绝是霉运当头的话，我想说霉运的尽头是好运，把霉运当好运又何妨？反过来讲，如果我写的歌被天王天后接纳，或许我会更有动力成为一个优秀的作曲或作词人，在幕后贡献自己或大或小的能量。但是，我走向舞台中央的梦就会搁浅，更别说像今时今日这般拥有亿万观众的关注和喝彩了。"

原来，周杰伦心底完全没有抱怨、没有恨，反而把人人厌恶的霉运当作了好运。其实，一时的挫折或艰难，不该成为我们追逐梦想的障碍，默默地继续坚持，将会完成霉运到好运的美丽嬗变。或许这个过程是漫长的，甚至漫长得让人感到绝望，但是霉运散去好运来临，所有的等待都是值得的。

其实，人生常常是一个轮回的过程，一个人不会永远倒霉。我们常常忍不住会说"为什么倒霉的总是我"，其实，我们只是偶尔处在倒霉的位置上，就像太阳由东至西，它的光辉或许一时照不到你，但不代表阳光永远和你无缘。周杰伦有人气爆棚的时候，也就免不了有走霉运的时候，走向成功不仅需要不懈奋斗，还要有敢于面对霉运的勇气。

我曾经有一段南下求职的经历，随身携带的现金越来越少，借住在朋友的宿舍又常遭查房，而每次面试都得不到任何回复。那段倒霉的日子，用人们常说的话就是"喝凉水都会塞牙"。由于躲避查房我甚至还睡过一次大街，而随身带着的传呼机也坏了，和外界的联系顿时被切断。我在日记写道："看来我要倒一辈子的霉了，还是回老家啃老得了。"

　　没想到，写下这篇日记第二天，我又参加了一次面试。那是一家台资印刷厂招聘，我顺利地获得了工作机会，还住进了宽敞明亮的集体宿舍。我再也不用顶着高温东奔西走，能免费吃上香喷喷的米饭，还有营养可口的例汤，我想想都忍不住偷着乐。新的日记，我是这样写的："没有谁会一直倒霉下去，好运其实藏在霉运背后。"

　　我们看过许多成功的故事，关于推销员的《第101次敲门》，关于科学家的《成功，在第1001次尝试后》，成功人士的一次次失败无疑是倒霉的，但是N次的倒霉最终会等来N+1次的幸运。而我们也读过另外一个故事，一个男孩坚持给心仪的女生写了98封情书，女生准备收到第99封信就答应男孩，可是男孩的情书却戛然而止。幸运没准就在再一次的坚持后，如果你还在倒霉的位置待着，可能需要的是再一次冲刺，而不是就此绝望和放手。

　　当然，除了坚持不懈地努力，心态的乐观也是不可或缺的。未来美好的情景是迷人的，倘若我们没有一份积极的乐观，我们就会提前放弃，失去继续走下去的动力，最终只能原地踏步，困在倒霉的位置上。贯穿始终的乐观，会让我们坚信倒霉只是暂时的，那么脱离霉运的脚步或许会好一点，至少会稳一点。

晴天心语　　人们总说风水轮流转，我们的运气也会在时光里轮换，日子总是苦一阵子、甜一阵子，与其任性地自暴自弃，倒不如勇敢地面对生活，这样霉运会走得快一些，好运也会来得早一些。

天使之所以会飞，是因为把自己看得很轻

初入职场时，我看过女作家毕淑敏的一篇短文《我很重要》。我时刻提醒自己"我很重要"，在职场不要自卑、不要灰心，因为自己是不可取代的。

或许是有着爆棚的信心，我在工作岗位上一直干得很努力，也很出色。可是，时间长了，我却感到一种巨大的阻力，一部分来自同事有形无形的排挤，另一部分是自己的力不从心。更要命的是，在强大的压力下，我竟然开始大把地掉头发，年纪轻轻就面临未老先衰的状况。

父亲从乡下来看我，见到我面容憔悴很是疼惜，还语重心长地对我说："别把自己太当回事，或许当你认为自己什么都不是的时候，你会拥有更多的朋友和更好的环境。"父亲的话仿佛一道阳光照进我的心里，让被心魔"囚禁"的我感到了阵阵暖意……

渐渐地，我从一种近似自大的情绪中走了出来。我放下了自己职位的优势和先入为主的成就感，平等地和同事们沟通，重新建立了一种职场上的友谊。老总交代的工作我也不再大包大揽，而是尽量分一些给同事来共同完成，合作的过程中也不时和他们交流。在与同事合作的过程中，我也了解到，那些同事其实都是非常出色的，甚至能够完成许多"不可能的任务"。

后来，我还在父亲的授意下，向老总请了三周假。我去了一趟南长城——凤凰，那里古朴的民风、秀美的风景，让旅途中的我身心舒畅，也

忘记了职场的种种烦恼。而我休假结束重新回到公司后，发现短暂的别离竟然勾起了同事们对我的惦念。同事们还说："小路，你不在的时候，我们才知道你对公司真的很重要。"

在职场中，或许就是这样，别把自己太当回事，反而更能彰显自己的重要性。反倒是把自己看得太重，就像沙漠中不断增加负重的骆驼，不仅很难走得很远，没准还会累死在茫茫的沙漠中。

我有个诗人朋友大山，他对主持也有非常大的兴趣，每次活动都自告奋勇担任男主持。坦白说，大山的主持热情澎湃，而且临场反应也特别快，确实是一个不错的好主持。可是，大山每次对搭档女主持都很不放心，常常会对女主持有这样或那样的要求，甚至超出了活动主办方的想法。

为了保险起见，大山想到一个避免出状况的办法，那就是在搭档主持的过程中，让女主持尽量少讲话或后开口，如果女主持接不上话他就继续讲。有好几次，大山在舞台上滔滔不绝，女主持愣是没说上两句话。活动结束后，大山却非常得意地说："还好，还好，一切都在我的掌握中，活动没给办砸了。"

可是，慢慢地，大山的主持开始不受欢迎，他在台上说得天花乱坠，台下却总是嘘声一片。接着，许多活动组织者不再邀请大山主持，就算他一如既往地毛遂自荐，举办方也会坚持说已另有安排。大山是有主持瘾的，当举办方不让他主持后，他渐渐地便有了些坐立不安的感觉，整个人都一副心不在焉的样子。

大山在观摩了别的男主持的表现后，忍不住就在人前摇起了头："你们瞧瞧，他一直在念台词，而且讲得还没女主持多，而女主持舌头打结的时候，他也没及时救场。"可是，有人却说了："我们可不觉得那是在念台词，而且女主持上台多说话，下面的观众热情也会高一点，要是男主持一直讲、一直讲，岂不是要让大家都听得睡着了？"

后来，有个和大山关系很好的领导说话了："大山，不管是在舞台上，还是在创作或生活中，切记不要把自己看得太重。这个世界，离了谁地球都照样会转，如果认为自己不可或缺，甚至因此去抢占别人的表现机会，不仅无法确立自己的地位，还会造成人人生厌的局面。"

虽然大山并不认为自己以前抢着主持是出风头，但是领导的一番话还是点醒了他。再后来，一有主持的机会，他会将更多说话的机会让给搭档，只有在不得不救场的时候才会插话，从不轻易打断搭档的发言。当大山的主持变得"低调"时，不仅受到了搭档的信任，而且获得的掌声也越来越多。更让大山兴奋的是，以前他几乎包揽全场的主持时，没有人向他竖大拇指，而现在对他点赞的人却越来越多。

后来，大山在一个女孩的 QQ 签名看到这样一个句子：天使之所以会飞，是因为把自己看得很轻。大山兴奋地把这个句子发给了我，还说这句话简直就讲到了他的心坎里。我想，大山应该是悟透了这个道理，他会像长了翅膀的天使一样，在他的世界越走越远、越飞越高，最终抵达他想去的地方。

晴天心语　　看重自己，就像不断塞进行李的背囊，不是给自己增加分量，只是增加了重量。而要走得远、飞得高，无疑要卸掉自身的重量，轻装上阵才能打胜仗，看轻自己才能潇洒飞翔。

放不下架子，撕不开面子，解不开情结，所以累

"活着真累……"

这是我们最容易说出口的牢骚，"累"俨然成为我们最常见的精神状态。可是，我们真的那么累吗？我们真的需要那么累吗？难道我们就应该这么累下去吗？

很多时候，我们并不仅仅是身体上的累，朝九晚五的工作费神费力但总有结束的时候，挤完地铁回家泡个澡也可以缓解疲劳。显然，我们的累往往无关身体的状况，而是我们的心束缚了自己，于是我们便被铺天盖地的累所包围。

有一段时间，我陷入了长达半年的职业空窗期，真的不是我挑三拣四或者不去求职，而是工作的机会不约而同地回避着我。很多次，我明明准备得非常充分，而且临场表现也很好，可是人家不是当场说"抱歉"，就是那句冷冰冰的"那你回家等通知吧"。显然，所谓的"等通知"只是体面地拒绝，最终我什么消息也没有等来。

一次偶然的机会，我得知老乡大东刚开了一家公司，他的公司需要一名销售经理。一些朋友就劝我："大勇，你就去大东的公司面个试，相信那个销售经理的位子，肯定就是你的了。"其实，我并不是不信，甚至比他们更深信不疑，但是我宁愿待业在家，也从未想过去大东的公司谋饭碗。

理由很简单，大东几乎是和我同期外出打工的，他的第一份工作还是我介绍的。我们在同一间公司供职时，我还是大东的直接领导，我常常给他分配各种工作任务，我指东他就不敢向西。甚至，大东离开那间公司很久后，每次见到我，不是喊"老乡"，而是喊"领导"，听久了我也就习惯了。

显然，要放下架子去大东公司求职，成为大东手下的小兵，我是多么不愿意、不甘心。于是，摆在面前的机会我没有去争取，一直又没有别的工作机会，把自己的"老本"都啃得差不多，我"歇业"快一年才找到新工作。后来，大东遇到我、了解了我的情况后，笑着说："领导，你来找我，我肯定重用你呀，犹豫啥？"

又过了两年，我们公司和大东公司也有了业务往来，老板还派我向大东公司追一笔欠款。大东公司这笔欠款已经拖了一年多，其实老板以前本着"革命工作靠自觉"的想法从来都没催讨过，可是大东公司却一直按兵不动。老板给我下命令说："小路，就算是跟大东公司撕破脸皮，你也要给我把欠款追回来。"

我不好意思去大东公司讨债，跟大东也撕不开面子，那份老乡情也不是说毁就能毁的。最初，我以公司的名义给大东发了邮件，希望他能主动把欠款还了。当老板催我登门讨债时，我甚至只是到处溜溜，连大东公司的门都没进，就两手空空地回来了。老板见我追债毫无进展，对我的态度也越来越差，甚至说："如果你讨不回这笔钱，你下个月就不必来上班了。"

一天，下班后，情绪失落的我独自去夜市买醉。很快，我就喝得醉醺醺的，看面前的人都模模糊糊的。我不记得我后来又喝了多少，不知道怎么掏钱埋的单，也不知道我怎么回的家。第二天，我发现大东竟然在我家，看来昨夜是他送我回家的。见我醒来，大东说："抽空来我公司把债清了，欠债还钱天经地义，你何必那么小心翼翼？"

　　原来，醉酒的我把一切都跟大东说了。其实，大东并没收到我的邮件，由于我们公司一直不问，他甚至都把这件事给忘了。事后，大东跟我说："其实，人总是说活得累，无非是放下架子、撕不下面子。其实我们完全可以不那么累，架子该放就放，面子该撕就撕。要知道，架子和面子并没想象的那么金贵，当我们突破了不必要的心理障碍，会发现其实世界很美、很大。

　　很多时候，我们甚至不是被困难或麻烦难倒，而是被我们解不开的情结缠绕。比如，我们总是觉得自己的感情世界是有残缺的，已然拥有的情感不是最好的。而在多年以前，因为种种原因失之交臂的恋人，才是真正适合自己的真命天子（女），是一辈子都无法割舍的真爱。

　　就像有人说的那样，得不到的才是最好的。这显然是一个大大的情结，这样的情结会阻碍我们拨开迷雾，让一段不属于自己的情感，挡住了许多纷至沓来的爱的机缘。就算我们幸运地获得了爱神的眷顾，也总会因为挥之不去的情结，有一种抽离在外的感觉，从而无法更好地经营情感，让自己在现实中疲惫不堪。

　　放下所谓的架子，撕掉所谓的面子，让一些莫名其妙的情结有多远走多远。对自己好一点，对自己的心好一点，我们会发现天很蓝、云很白，那些被压抑的日子早就该远去，那种将心包裹得很累很累的感觉，本来就是不该属于我们的状态。花很红，柳很绿，自在的日子像风，像不被约束的雨，让我们见证所有的美好。

　　晴天心语　　做我们内心的主人，也就做了我们心情的主人，轻松地呼吸，轻松地奔跑，也就能轻松地追逐、轻松地抵达。

最精彩的不是实现梦想，而是坚持梦想的过程

梦想是什么？梦想是一株会开花的树，梦想是一道雨后绚烂的彩虹，梦想是跋山涉水后的地平线，梦想是遥不可及的天的另一边；梦想是一股最强烈的冲动，梦想是一份最热烈的向往，梦想是一种最滚烫的激情，梦想是一个最坚定的愿景。

童年时，我的小伙伴们有各种各样的梦想，比如当宇航员、科学家或权力拥有者。而我的梦想，其实跟做法院院长的邻居大哥有关。邻居大哥每次见我认真做功课，就会拍拍我的肩膀说："小伙子，好好学习，长大了摇笔杆子。"

所谓"摇笔杆子"，无非是坐进办公室、吃公家饭，不用费体力，只用动脑筋。当时，我懵懵懂懂就有了自己的梦想，其实我都不知道"摇笔杆子"到底是什么，反正就有了一种强烈的向往。再后来，我对文学产生了兴趣，摇笔杆子的梦想就变成了作家梦。

如此一来，我阅读书籍的兴趣越发高涨，甚至连爸妈给的早餐钱都舍不得花，而是拿去买了各种各样的课外书籍。课间或周末，我不是在和小伙伴一起玩耍，而是沉浸在文字的世界里。我也开始试着写一些文章，不过更多的作品只是锁在自己的抽屉里。

说来奇怪，我那么热爱写作，甚至不断地阅读，可是作文写得并不怎么好。有一次，语文老师布置了作文，第二天照旧是老师讲评的时间，我

被叫上讲台朗诵自己的作文。我念得结结巴巴，台下的同学们笑成一团。我顿时明白了，语文老师不过是在出我的丑，让我体验自己的文章是如何狗屁不通。

可是，我并没有气馁，想到自己的梦想是当作家，我对写作投入了更大的精力。我不仅按时完成语文老师布置的作文，还会主动给自己"加量"，写好的文章也会拿去请老师指点。老师见我如此勤奋好学，对我的教导也耐心多了，让我上台念作文的次数开始变多，当然不再是让我出丑，而是一种莫大的肯定。

再后来，我一直坚持阅读和创作，书柜里塞满了我买的书，文章写满了好多个笔记本。直到高二那年，我才开始尝试着给市报投稿，第一次就幸运地获得了发表。再后来，我投稿的热情越来越高，不仅给市报投了很多稿子，也尝试给全国性的报刊投稿，虽然投得多发表得很少。

看到有作家介绍"在全国多家报刊发表作品两百余篇"，羡慕嫉妒恨的我便把自己的目标也定位为"发表两百余篇作品"。这对于我来说，是一个可望而不可及的目标，但是为了达成这个目标，我不仅加大了阅读和创作的劲头，同时也增加了投稿频率。最终实现这个目标，差不多花了十年的时间。

十年又十年，我发表了数千篇作品，连出书的梦想也实现了。出第一本书的时候，一百多本样书被物流送到了城市的另一个区，而我又没能准确地预估书籍的重量，提着两捆沉重的新书乘公交车、转地铁回到家中，累得整个人差点虚脱。然而，当拆开包裹拿出新书时，那股飘香的油墨味，让我顿时忘记了所有的疲劳。

接着，我又出了几本书，虽然有人喝彩也有批评，但那毕竟是我写作的记录。后来，我还加入了本省作家协会，隐约感觉自己触到了作家梦，当然离一个好作家还很远很远。其实，我更希望自己写的文字和出版的书籍，不是穿梭岁月的一阵风，而是沉淀在时光里的珍珠，能够在漫长的日子里，闪耀着专属它的璀璨光芒。

很多人会说："路，你文章发表了不少，几本书也出版了，省作协也入会了，实现梦想的人生够精彩的。"我笑着说："其实，更精彩的是这么多年的坚持，坚持就像勋章一般刻在记忆深处。如果过去的某一天，我放弃了这份坚持，所有的精彩就会戛然而止。所以，坚持是精彩的源头，没有坚持就没有美好的明天，就没有梦想开花的甜蜜和幸福。"

我们身边的许多年轻人都渴望成功，他们常常向往成功后的辉煌，向往众星捧月的感觉。可是，一旦让他们吃点苦、受点累，他们马上就把头摇得像拨浪鼓。然而，没有坚持梦想时的那份苦与累，哪有享受梦想实现的喜悦，梦想从来不是从天而降的，梦想是我们努力向上之后的收获。

《中国好声音》第三季学员张碧晨，是个年轻漂亮的天津女孩，曾经在父母的呵护下幸福地生活。可是，她为了实现自己的音乐梦想，只身前往韩国当练习生。据她自己说："我去韩国就是很想过练习生的生活，想吃那份苦。"事实上，练习生的苦比张碧晨想的更可怕，但是她还是咬牙熬过了那段岁月，最终通过《中国好声音》被大家所认识和喜爱。相信大多数观众，不仅是被她的歌声和美貌吸引，更是被她在那段浸着泪和汗的日子，离梦想很遥远却不放弃的坚持所深深折服。

实现梦想当然是人生精彩绝伦的一笔，但是那只是一刹那的美丽火花；就像星星之火可以燎原，最初的那一点点小小光芒，才是最不可磨灭的灿烂。

晴天心语

梦想很大，梦想很远，实现梦想的时刻是美好的，但是更美好的是一路的坚持。坚持的过程有疼和痛，甚至还会跌跌撞撞、状况不断，但是那就是人生最深的旅痕、最美的风景。

放慢脚步，享受简单的快乐

我曾经在深圳的一间公司短期供职，公司有个非常奇葩的规定：原则上，员工只许打车上下班，而每天打车的费用由公司报销。如果有谁拿不出打车的票据，而且上班还迟到了三五分钟，那么这一天的工作就算白干了，老板会扣掉他一整天的薪水。

后来，我们辗转得知了老板的用意——无非是让员工适应深圳的速度，可以快就不能慢，可以用跑的就不能用走的，可以打车就不要挤公交车。其实，我对这项规定是不以为然的，打车虽然快，出门自然也会晚，而公交车塞车时出租车照样跑不动，打车的费用显然有可能白花。

一天，我下班后，没有拦到回家的出租车，而公交车也满满当当的。想着自己的租住地并不远，我决定选择慢悠悠地步行回家。街上人潮汹涌，走路都带着一阵风，而我却悠闲地放慢了脚步，毕竟回家后，也是"躲进小屋成一统"。

这一天的体验明显跟平时不一样，平时在风驰电掣的出租车上，窗外的风景随时都会一带而过，也不好意思和板着脸的出租车司机搭讪。当选择步行回家，让自己的脚步慢一些、再慢一些，我渐渐地发现了这个城市的许多可爱之处。

街上有许多年轻人摆的地摊，地摊上有一些好玩的物件。而一个老爹爹推着烤箱，烤箱里有热乎乎的烤红薯，烤红薯的香味让我开始想念家乡。

我买了一只大大的烤红薯，捧在手心里，暖暖的，过一会儿，就啃上一大口。老爹爹的生意一般，我们可以随意地聊聊天，像一见如故的忘年交。

后来，我又在广场上看到一群大妈在跳舞，里面竟然有个 20 多岁的新妈妈。新妈妈将孩子安顿好后，就跟着大妈们跳起了带劲的广场舞。以前，我从来没认真观看过广场舞，可是这一次我却着了迷，恨不得自己也上去扭几下。推车里的小家伙不哭也不闹，小手、小腿也跟着音乐晃动着。

走走停停，差不多一个小时，我才回到家。虽然工作了一天，又步行了近一个小时，可是我却一点累的感觉都没有，俨然比打车下班还来得轻松。很快，我就明白自己快乐的缘故，那就是快节奏突然慢了下来，慢下来的节奏让我明白，原来生活可以激扬，同时也可以瞬间变得安逸恬静。

我并没有立即离开深圳，而是换了另一家公司，工作节奏并没有那么快。虽然薪水较之以前要少一些，偶尔上班赶不及打车也不能报销，但是我觉得自己要更快乐一些、轻松一些。而慢下来的生活，让我有时间去逛书店、看美术展，还能和同乡们时不时小聚一下，在异乡的日子也变得充实起来。

总有人会说，自己的城市生活节奏就是快，而有的城市就是慢旋律。然而，我们的生活可以我们自己做主，或许我们无法换城市生活，甚至连手头的工作，也不是说不干就能不干的。可是，我们匆匆行走的时候，还是可以偶尔放慢脚步，让自己的步伐离自己的心近一些，让一些被忽视的简单的快乐，能够在某些时刻得以回归。

90 后的小表弟爱上了 95 后的小美女，他们开始策划一次浪漫的旅行。飞机、高铁和动车可以随时带乘客去天涯海角，甚至去韩国、日本也不需要花太多的时间。可是，他们却选择去了最北的城市，坐最慢的列车的硬座。小表弟说："我们喜欢慢旅途的味道，风景往后退得特别慢，会在不知名的小站停靠，还会为高铁动车让路。时间走得很慢，旅程甚至停下来，就像我们的爱情，在瞬间凝固了一般。"

听着表弟的描述，那些在别人看来明明是烦恼的慢，也变成了一种甜蜜的浪漫。其实，并不是表弟的想法跟别人有出入，只是更多人习惯了高速旋转的生活。一旦步伐慢下来，就会害怕自己被生活甩到身后，甚至再也没有办法追上去。然而，生活根本不该一直处于紧绷的状态，就像弹簧也需要有松弛的时候，快节奏的生活也可以放慢脚步，脚步慢，我们的心也会变慢，对周遭的感受反而会更敏锐、更直接。

十七八岁时，我谈过一场甜甜蜜蜜的恋爱，和女孩出去压马路的时候，我总是走得太快把女孩落在后面。一次，女孩有点委屈地跟我说："亲爱的，你走得那么快，会把你的小甜心弄丢的。"那一刻，我的心被女孩的话震住了，我不由得放慢了脚步。再后来，和女孩约会的时候，我都会刻意地放慢脚步，跟她保持一致的步伐。

其实，人生并不是所有的时刻都要往前冲，毕竟我们的生活并不是110米跨栏，而我们的周遭也不是争先恐后的世界冠军。比如，我们开始了一场美好的恋爱，或者跟父母、孩子在一起度假时，我们更应该放慢脚步，把职场或商场的快节奏抛诸脑后，在花前月下或者郊外田园，和自己所爱的人安静地度过，慢慢地享受那份快乐。

走得太快，我们就会错过沿途的风景，只有慢下来，我们才不会辜负每一段旅程。

晴天心语　　放慢脚步，让急匆匆的人生进入一段必要的缓冲，这样我们不会被生活抛弃，反而会因为领悟了生活的美好对未来充满更大的信心。

不要用别人的错误惩罚自己

同事小王坐出租车时，被司机绕了好长一段路，为车钱跟司机发生了争执。下车时，司机不仅嘴上骂骂咧咧的，而且还给了小王一拳，小王的嘴角留下一道淤青。小王本来想报警，可是出租车开得飞快，于是他只好记下车牌号，去出租车公司投诉。

没想到，出租车公司的领导却不重视，不紧不慢地联系到车主后，却告知小王打人者是代班司机。出租车公司方面只肯赔偿小王200元钱，却不肯让代班司机出来给小王道歉，甚至说一点小纠纷不必搞得太复杂。

可想而知，小王离开出租车公司时有多生气，他心底的怒火熊熊燃烧。可能因为心底有火，小王走在马路上也没留神，一不小心撞到了一棵大树，撞破了鼻梁，鼻梁立即鲜血直流。在医院包扎后，小王还不忘责怪出租车公司对旗下的司机太放任。

本来是出租车公司和代班司机的错，可是控制不住怒火的小王却受了伤。如果此前的纠纷需要对方负责还说得过去，这撞伤鼻梁的损失恐怕就没人埋单了。就像康德说过，生气，是拿别人的错误来惩罚我们自己。

现实生活中，每当权益被侵害时，据理力争的我们脾气常常会变坏。比如，在商场购物，如果受到不平等待遇，我们会猛击柜台或展架。可是，如果损坏了柜台或展架，我们不得不掏钱赔偿，如果弄伤了自己又只能自认倒霉。

　　显然，这就是有理变无理，原告变被告，多少有些得不偿失。其实，真理越辩越明，没有讲不清楚的道理，文明社会武力解决不了问题，如果发火伤到自己，那无疑是搬起石头砸了自己的脚。

　　我们都知道，美国人爱打官司，大事小事都喜欢法庭上见。或许在很多人看来，美国人太较真、太不好打交道。其实不然，将纠纷交给法律，而不是硬碰硬地解决，无疑是最好的办法。对与错，法律自然会给出最好的回答，别人的错误就让别人承担，我们犯不着去惩罚无辜的自己。

　　飞出去的家鸽迟早也会回家，报复那些得罪过我们的人，免不了也会误伤到我们自己。初入职场时，我不是太合群，甚至常常和同事发生矛盾，而同事也爱欺负我这个新人。好多次，就是因为同事的刻意"设计"，我没法及时完成老板交代的工作，都被骂得很惨很惨。而老板却是只看结果不听解释的那种人，我的委屈简直无处倾述。

　　后来，我开始对同事有了恨意，甚至开始悄悄准备报复的策略。很快，父亲察觉到了我的异样，和我进行了一次推心置腹的交流。父亲说："报复别人，其实是一种愚蠢的行为，当你的一个指头指向别人时，不是也有四个指头指向了自己？生气，发火，用别人的错误惩罚自己，还有什么比这更糟糕的？"

　　父亲还跟我说："不管是在职场，还是在生活中，我们要学会宽容，如果对方是无心之失，或者犯的不过是芝麻绿豆的小错误，不妨选择原谅对方。没有人会不搭理一个以德报怨的人，如果你适时地选择原谅和友好，对方也就不会有继续深化矛盾的想法。不然陷入报复的旋涡之中，彼此没完没了地互相伤害，最终谁也不会成为赢家。"

　　父亲接着说："就算对方犯下的是不可原谅的错误，我们也完全可以让时间和大众去评判。受了伤大声地喊可以吸引别人的眼球，但是喊得太大声或者太频繁，也会让周遭的人感到厌烦。如果错误不在自身，却因为自己不合理的回应，让自己变成不受欢迎的人，这同样也是不划算的事情。"

父亲最后还说："与其怀着怨恨去吃山珍海味，不如开开心心吃白菜、萝卜。或许好心情不是成功最重要的因素，然而适时地释放怨恨和气恼，却可以让我们理智从容地做出判断，并心平气和地面对生活中的种种挑战。不被干扰的人生，才是强大的人生；而被别人的错误左右，那就是错上加错了。"

后来，我真的开始不与同事计较，甚至还学着笑脸迎人。起初，我并没得到太多善意，大家私底下还常叫我"笑面虎"。可是，当我真的没有任何报复行动后，那些同事就体会到了我的善意，跟我的互动开始变得多起来，有一些工作之余的聚会也会叫上我，不再像以前那样孤立或敌视我。

有同事非常不解地问我："我们曾经那样对待你，你为什么不进行自卫反击，反倒对我们如此友善？"我笑着说："我相信你们只是一时兴起捉弄我一下，同事之间何必要发动一轮又一轮的战争。就像我们朝着山谷喊'我恨你'，山谷只会继续回应'我恨你'。如果我们试着把恨收起来，大声地说出'我爱你'这三个字，我们得到的将是铿锵有力的'我爱你'。"

其实，就算是别人犯了错误，我们选择与人为善，并不是我们没有斗志，而是生活永远有比仇恨更重要的事情，而不依不饶或放纵怒火，不仅是跟犯错误的人过不去，同时也是跟自己过不去。倘若因为一时冲动，最终还误伤了心绪难平的自己，那就真的是无妄之灾了。

晴天心语 怀着仇恨报复只会搬起石头砸了自己的脚，而聪明人却善于消除伤害和矛盾，化敌为友，让自己拥有更好的人脉和未来。

不要背后说他人，如果一定要你说，就说好话

禅寺里，新来了一个小沙弥，小沙弥嘴有点碎，爱说长道短的。

其他小沙弥很烦他，纷纷向智云禅师投诉，希望智云禅师惩罚他。

智云禅师并没有这么做，就好像什么事都没发生似的。

一天，小沙弥从山顶采摘野菜回来，智云禅师把他带到一间禅房前，禅房的门窗关得严严实实的。

可小沙弥还是隐约听到里面有些人提到自己的名字，而且对他的评价显然并不是很高，甚至还有夸张捏造、刻意诽谤的成分。

小沙弥忍不住，怒火中烧狠狠地推开了门，但禅房内空无一人，只有一个播放着的 MP3。

原来，那段议论是智云禅师事先录好的，而且智云禅师还一人分饰几角。

智云禅师问小沙弥："刚才，你在门外的感觉如何？"

小沙弥带着情绪回答："简直是糟透了，谁愿意被人在背后指指点点的？"

智云禅师笑着说："平时，你不是也爱说其他小沙弥的是非，可想而知他们的心情也不会好到哪里去呀！"

小沙弥不服气地说："我平时背后说过别人，可是我的那些批评的话，也是有理有据绝无夸张的成分哪！"

智云禅师耐心地说："人后莫说坏，如若口要开，且把好话讲。"

小沙弥没再说什么，好像明白了自己被孤立的原因。

这是我在某禅寺听来的故事，老禅师对小沙弥的教诲显然不仅适合禅寺之内，对我们的为人处世也很有启发。

生活中，我们常常喜欢扎堆说事，也会背后说他人的各种不是。其实，我们说的时候还真不一定是图嘴皮快活，反而认为自己勇敢地说了真话、实话。可是，当事人并不在场，一堆人反倒像在进行缺席审判似的。不难想象，要是这个当事人事后知道了，免不了会怒气冲冲。如果一不小心被当事人撞个正着，必然是一番剑拔弩张的紧张气氛。

我曾经在一家公司的人力资源部供职，负责全公司大部分的招聘工作。一次，我接待了一个年轻人，从求职简历上不难看出，他刚刚离开一家同行公司。面试时，我刻意将问题引到他辞职的理由："你干得好好的，为什么要离开 A 公司？难道是你无法胜任工作，被你的老板杨总炒了鱿鱼。"

如果换个成熟的求职者一般会说"我在那家公司待了几年，也想换换工作环境，给自己一些新的发展空间"，可是，年轻人却中了我的圈套，毫无顾忌地批评起自己以前的领导："估计您也知道杨总，他是个非常刻薄吝啬的人，我们给他打工做牛做马，可是他从来不体恤员工……"

年轻人话还没说完，我就直接在心里把他否定了。他离开时，我甚至都没客套地说"那你回去等通知"，而是非常直接地说了"请另谋高就"。年轻人有些错愕，他本以为自己会有几分机会，没想到就这样被无情地拒绝了。临走时，年轻人非常诚恳地说："我面试失败了，肯定存在不足的地方，那么能麻烦您帮忙指出来吗？"

我淡淡地说："其实，你的学历程度和工作经验都非常符合我们的要求，甚至你是我们非常需要和渴求的一流人才；可是，当你开始说以前的领导的坏话时，我就决定不录用你了。没有一个老板喜欢爱背后说人坏话的员工，哪怕这个员工说的是自己竞争对手的坏话。因为，爱背后说人坏话的人到哪里都改不了这个毛病，而这是职场中最不受欢迎的习惯。"

说完，我有些于心不忍地提醒他道："小伙子，以后可别背后说你以前的领导的坏话，试着在面试中表扬你以前的领导，没准你就会获得面试的成功。"没多久，年轻人竟然特地来公司看我，说听了我对他的那些建议，他竟然找到了一份不错的工作。而且，年轻人以前的领导得知自己赞扬他，也特地打电话告诉他："你虽然离开了，但是公司的大门随时为你而开。"

听他这么说，我打心底为他高兴，毕竟我的几句忠告，让他更快地找到了工作。我想，如果他在日后的职场中继续背后不说别人的坏话，只说别人的好话，他会在收获好人缘的同时，事业也将得到非常稳步的发展。

不管是职场，还是过日子，许多时候都是祸从口出，管好自己的嘴，就能规避一些不必要的麻烦。赞美永远比批评有力量，不管是在人前还是人后，尽量还是多说好话、少说坏话，这样的我们才能更受欢迎、更有魅力。

晴天心语　没有人喜欢背后的坏话，批评的话最好当面交流。当然，蜜语留到背后讲，是很高明的交际手段，会让被赞扬的人，因收获最真实的认可而欣喜。

即使暂时没有人爱，也要做一个可爱的人

励志婆婆是我认识的一个网络红人，年近六旬的时候开始整形和隆胸。她身边的一些朋友会问："你的丈夫早就离开了你，你现在又没有老伴，你把自己弄得花枝招展的，干吗？"励志婆婆笑着说："我整形前看上去像六七十岁的老人，整形后却跟三四十岁的风情少妇无异。不管我现在有没有人爱、有没有人疼，至少我自己要爱自己、疼自己，而且努力让自己变成一个可爱的人。"

励志婆婆的故事越传越远，许多电视台都请她去录节目，她的追求者也慢慢多了起来。励志婆婆毫不遮掩地说："若不是我整形和隆胸，若不是我让自己变得可爱，谁会在意一个年近六旬的老人，更不要说收到一沓男人的情书了。"其实，谁都会有一段没人爱的时光，但是如果这段时间自暴自弃，甚至连基本的形象都不管不顾，那么就算爱神从你身边经过，也会被你邋遢的形象吓坏。

反倒是那些就算没有人爱，就算自己的世界只剩孤独，还依旧保持可爱的人，却常常不会被爱神抛诸脑后。可爱的人总是特别吸引眼球，就像占据舞台中央的表演者，只要你足够可爱就会获得掌声，获得纷至沓来的关注和喜爱。没人爱不可怕，如果连自己都不爱自己，恐怕就很难有翻身的机会了。其实，就算没人爱也不必装可怜，可怜只能换来些许同情，而只有可爱才能换来疼爱。

　　小西是我一位同城的女文友，三个月前，她刚刚失去一份感情，那是她无法割舍的深爱。可是，当爱情离开的时候，就算当事人再不愿意，也只能无奈地松开曾经牵着的手。小西成了没有人爱的女生，她的心情开始变得阴郁，每天穿着色彩黯淡的衣服，也不再扎可爱的辫子。当文友们接近她的时候，特别是男文友和她交流时，她就像一只发怒的刺猬，总是将身上的刺竖得高高的。

　　虽然大家都知道刺猬身上的刺是为了自卫的，但是小西太过防备的心理还是让大家敬而远之。也有人给小西介绍男孩相亲，小西被描述得很温柔、很乖巧，可是当男孩跟小西接触后，很快就没有继续和她交往的想法了。男孩还说："你们说小西是个可爱的女孩，可是我看到的只是一只刺猬，谁愿意和一只刺猬朝夕相处。"显然，小西还没走出过去的阴影，连最初的可爱都不翼而飞，成了一个可怕的相亲对象。

　　或许没有人爱是一段难熬的岁月，可是一直沉沦下去也无济于事，就像爱情走得无影无踪，来的时候也是毫无征兆的。如果属于自己的真爱来临，却被不可爱的自己吓退，实在是一件糟糕透顶的事情。爱情没有忘情水，爱情也没有后悔药，让可怜没人爱的自己变成可爱的自己，其实便是为爱的再次来临做出的最好的准备。

　　我曾经有一个同事小谢，他只有一米六的身高，长得也没那么帅气。当我们都开始谈恋爱时，他却总是形单影只、独来独往，仿佛爱情跟他无缘似的。可是，他每天来公司，头发都梳理得一丝不苟，身上还洒了好闻的古龙香水，西装革履，领带扎得挺括，而皮鞋也擦得光可鉴人。而且，他性格也非常温和，偶尔和别人开开玩笑，却能顾及对方的面子，不让别人感觉到丝毫难堪。

　　一些客户公开和私底下都会说，小谢是一个非常可爱的男孩子，这样的男孩子不光老板和客户喜欢，而且也会得到一份好姻缘。有时候，小谢就会笑着说："各位老板，别光说不练，有机会介绍个漂亮的女孩子给我。"后来，许多客户纷纷给小谢介绍对象，而小谢后来选择了一个家境好、性格也好的女孩子，关键是他们在一起总有说不完的话，没多久就开始谈婚论嫁了。

就跟我们人生路上的许多机遇一样，爱情何尝不是一次美好的机遇，很多时候我们离机遇有一段未知的距离，就像迷路的孩子不知道何时能归家。可是，我们不必扮出一副可怜兮兮的模样，机遇其实就在某个地方等着我们，或者像插着翅膀的天使正在飞来。如果我们对机遇笑，或许机遇会停下来；如果我们对机遇愁眉苦脸，机遇也会像小西的相亲对象一样被吓跑。我们错过的机遇，就像我们错过的缘分，总会有一些让人懊恼的缘故。

其实，爱情并不是我们唯一的追求，我们或许不一定有众星捧月的时刻。然而，可爱却是一种美好的生活态度，我们把好的一面留给世界，不仅是让世界为我们惊艳，其实也是对自己的珍爱。纵使暂时没有人爱，甚至永远没人爱，至少我们还可以好好爱自己，让自己走得更远、更从容。

晴天心语

可怜和可爱是生活的两面，暂时没有人爱不可怜，可怜的是我们不再期待爱，甚至连自己都忘记了爱自己。相信如果我们努力让自己变得可爱，不仅全世界都会悄悄爱上我们，而且我们也会不丢失那个曾经的自己。

幸福是蝴蝶，只有你安静坐下，它才可能停落在你身上

"从前有一只小鸟是没有脚的，他一直不停地飞呀飞，累了就在风里睡觉，他一生只落地一次，就是他生命结束的时候。"

这是王家卫的电影《阿飞正传》里的台词，也印证了许多年轻人的生活状态——在城市里，许多年轻人俨然成为没有脚的鸟。城市的生活是快节奏的，职场的竞争让人透不过气，房价让人愁、物价让人烦、未来让人迷茫，年轻人只能埋头前进。很多时候，年轻人不敢停下来看风景，不敢给自己放一段悠长的假期，甚至连谈恋爱的时间都挤不出来。

工资那么少，职位那么低，买房的首付攒不够，属于年轻人的幸福是那么飘忽。在职场中，我们跟同事争吵；在城市中，我们跟小贩争吵；在家里，我们跟家人争吵。大部分时间，不管我们是在工作还是在行走，内心却像兵荒马乱的战场，仿佛安静也成了一种奢望。我们不停地说想和这个世界谈谈，可是世界甩给我们的却是一张臭脸。

我曾经在深圳工作生活，满街的人都在奔跑，为了追赶时间，甚至没有人愿意行走。我们总想走在时间的前面，我们也总想走在其他人的前面，可是时间一直在向前，其他人也一样一直在向前，超越是一件非常困难的事情。最后，虽然我们跑得很快，但是我们依旧落后，依旧和心中念念不忘的幸福无缘。

心是一切的根源

在很多人眼里，幸福根本不在身边，幸福也不在消逝的过去，而在未知的前方。为了追逐虚无缥缈的幸福，我们寻觅、奔跑、追赶，我们无助、焦虑、烦躁，唯独不肯停下来，安安静静地休憩和思考。很多时候，我们和幸福擦肩而过，甚至把幸福甩在了身后，可是我们却浑然不知。

我曾经策划组织过一些宝马自驾游的活动，参加活动的都是当地的高管和企业家，自然个个都身家非常丰厚。一次，在大山深处的村庄里，有个企业家说："我就向往这种田园生活，在村庄里建个别墅，每天晒晒太阳、钓钓鱼，将会是最美好的晚年生活。"其他的高管和企业家都纷纷附和，显然大家都很向往这种生活。

在村庄里转了一圈，有位企业家看到一些村民在晒太阳、钓鱼，忍不住跟我说："我们奋斗一辈子，才敢梦想在村庄里过的幸福生活，他们凭什么就能轻轻松松地获得？"我笑着说："宝马风驰电掣，速度是非常快，然而幸福却是静止的，只有我们愿意停下来，才能和幸福打照面。"

人生真的是奇妙的，奋斗一生的高管和企业家，其实向往的不过是村民的生活；而一辈子守着村庄的村民，却安安静静地享受着这一切。有时候，不是我们离幸福很远，而是我们的世界太过喧闹，我们想要的太多，而曲曲折折之后，才发现其实幸福竟然是触手可及的，只需要我们停下来、坐下来，幸福就会扑面而至。

我们去公园和郊外游玩时，常常会有这样的体验：蝴蝶总在我们前面跑，或者围着我们团团转，但我们却无法接近蝴蝶；可是，等我们安安静静地坐下休息时，蝴蝶却会停在我们的肩膀上、胳膊上甚至是手心里。这很容易让我们联想到幸福，幸福好像也跟调皮的蝴蝶一样，当我们坚持不懈地追逐时，它从来都不会接近我们，只会越飞越起劲、越飞越远。可是，当我们不再追逐时，它却会像天使一般地降临了，静静地停落在我们身上。

其实，人生不管多么忙碌，城市不管多么嘈杂喧闹，我们都应该让自己有停下来、静下来的时刻。有舞台表演经验的人都知道，载歌载舞虽然精彩无比，但是安静地坐在台阶上唱歌，才能做到尽量少出错、少跑调，气息也会更稳。有时候，幸福就像舞台表演，它的美丽不在于有多花哨的动作、多复杂的混音效果，安安静静也是一种美好的传达。

很多时候，我们被认为"身在福中不知福"，甚至被幸福重重包围却还在寻找幸福。世界很大，也很空，各种各样的声音不间断地刺激着我们的耳膜。可是，如果我们不愿意安静地坐下来，就很难听到自己内心的声音。如果我们是浮躁不安的，就很难捕捉幸福到来的脚步声，甚至幸福与我们面对面，我们也会不经意地错过。

只要我们静下来，全世界都会为我们静下来；只要我们坐下来，全世界都会矮下来。和这个世界谈谈，和我们的内心谈谈，我们会发现其实幸福并不遥远，甚至可以像蝴蝶般歇在我们的肩头。

晴天心语　　与其站着呼唤，倒不如安静坐下。有时候，我们离幸福其实很近，只是我们还没学会用心感受。匆匆行走之后不妨选择安静地落座，等待幸福稳稳地降临。

Chapter 06

你不努力，谁替你奋斗

我们的热情火焰很容易被点燃，但也很容易熄灭。一个不会跑步的人，总是换场地也无济于事。条件再恶劣，只要我们咬咬牙，最终也能走很远。所以，与其轰轰烈烈地开始，倒不如低调地启程，脚踏实地，把握好自己的节奏，这才是稳扎稳打的人生路线。

每个人出生的时候都是原创，可悲的是很多人渐渐都成了盗版

曾经见过几次刚从产房出来的孩子，孩子的家属们都会夸孩子漂亮，或者哭声比别的孩子嘹亮。一群人围着一个孩子，孩子是所有人掌心里的宝，刚生产的妈妈会骄傲地说"这是我的宝贝，是这个世界上独一无二的宝贝"，于是，有年轻的家属会说"这孩子绝对原创，绝对原创"，大家都快乐地笑翻了天。

世界上没有两片完全相同的树叶，同时也没有两个相同的孩子，哪怕是孪生兄弟或姐妹，也总会有一些细微的差别。其实，每个家长都希望自己的孩子成才，新爸爸、新妈妈也希望自己的宝贝在未来有一番和别人不一样的作为。当然，也有的家长只希望自己的孩子快乐成长，在未来能拥有简简单单的生活。

可是，生活却是残酷的，随着成长的推进，孩子也慢慢融进了整个社会。"不能输在起跑线上"是流行的教育理念，孩子们从幼儿园就开始竞争，争先恐后地学汉字、学英文，同时还报名参加许多兴趣班，无非是跟音乐、舞蹈和美术相关的内容。孩子们都会背唐诗，说一长串的英文，歌唱得好，舞跳得也不赖，却慢慢没了自己的个性，甚至连童真都少了几分。

中小学阶段的各种培优课，大学阶段的各种培训班层出不穷，孩子们像走进郑智化歌曲里的《补习街》，也没有人理会"课本里教的和现实里

所学的，成了一种彼此矛盾的对立"。在最容易吸纳知识的这些年，孩子们却在啃课本，接受填鸭式的教育，本应被重视的个性开发，却成为被遗忘的部分。

不难想象，通过教育流水线输送的人才，难免有高分低能的特点。当孩子们从校园转换到职场，免不了对职场产生各种的不适应，而身边人跟自己也大同小异。显然，教育磨蚀了孩子们的个性，不再有人关注孩子们的兴趣，大家都干着差不多的活儿，曾经的原创成了拙劣的盗版，千人一面的场面很可怕。

其实，我们的国家那么大，人口那么多，理应容许百花齐放。不是每个孩子都应该参加培优培训，也不是每个孩子都应该当公务员或做白领，教育和职业生涯都应该是丰富而精彩的。我就是我，你就是你，我们不要走别人走过的路，也不要去尝别人尝过的成功的滋味。

盗版是一件非常难堪的事情，我们努力成为别人的模样，而别人却在转瞬之间变得更好。父母们爱说"你看看隔壁小明多用功"，爱人会说"三楼大李多有出息"，孩子们却说"小明的爸爸多有钱"，我们一直在压力下向其他人看齐，而其他人本来与我们无关，却不知不觉成为我们的模板。

当我们刻意模仿别人，最终变成别人的样子时，不管最终如何成功，都不再是最好的自己。在注重版权的时代，"盗版"是一个不光彩的字眼，盗版的存在，只会更加彰显正版的高超。当然在追求事业梦想时，盗版别人不是太难堪的事情，重走别人的青春路也是一种青春，但是我们致力达到别人的高度，其实会限制我们发展的方向和程度。

说起来，不管是在我们人生的最初或者是刚踏上社会之时，多多少少还是有自己的梦想的，而我们的梦想常常是不一样的，也深信实现梦想的滋味是美妙的。可是，在人生的路上走着走着，我们就忘记了最初的梦想，被现实的风雨拍打得疲惫不堪，我们开始寻找生活的捷径。

可是，人生就像一部连载小说，如果刻意盗版别人的故事，很快就没有人会耐心追看了。而坚持写自己的故事，将原创坚持到底，就可以创造出无数可能，最终不管成与败，都是属于自己的抹不去的痕迹。原创，或许有一点特立独行的味道，可是不管我们怎么"折腾"，都是为了做更好的自己。

人生也没有那么复杂，我们的追求也没那么不靠谱，只要做更好的自己，今天的自己比昨天的自己好一点，明天的自己又比今天的自己进步一点，在日积月累的进步中，我们就会越来越完善，也越来越独特。或许努力的路是艰难的，甚至是没有捷径可走的，但是用心地历练，才能铸就更强大的自己。

当下的许多歌唱比赛中有许多选手翻唱明星们的经典曲目，最终获得最多掌声的不是唱得最像的选手，而是改编出新特色的歌手。也许我们不得不走别人的路，甚至要依托别人的成功去寻觅自己的未来，但是就算如此也要秀出自己的风格。我不是你，我是不一样的自己，这样才会获得更多的尊重和掌声。

如果我们的人生都没有盗版，如果我们的前程都是原创，那么我们的世界将会越发美好，我们的国家也会更有希望。

晴天心语　让世界看到不一样的自己，而不是去盗版别人的成功，这不仅是值得点赞的行为，更是应该推广的风范。

千万个隆重的开始也不如一个简单的完成

我曾经在一家保险公司做过推销员，每周二上午是公司的例会时间，所有人员必须无条件参加。

其实，这样的例会每次区别都不大，无非是业绩靠前的秀一秀业绩，然后是群情激昂地喊一些口号。坦白说，那些口号起初还能振奋人心，但是业绩并没提上来，让我对口号以及这样的例会兴趣越来越淡。甚至后来许多次参加例会，喊口号时我开始滥竽充数，只张嘴不出声。

很快，我认识了区域经理黄姐，并且和她成了聊得来的朋友。黄姐知道我在例会上奇怪的表现后，很认真地告诉我："小路，你应该明白一个道理，喊破嗓子不如做出样子。其实，我也不喜欢这样的例会，喊来喊去业绩并没有实际的提升，倒不如踏踏实实完成一份单，最终成为公司的王牌销售员。"

由于公司不适合我的发展，我很快选择了另一家更加务实的保险公司。黄姐与我渐渐少了联系，但那句"喊破嗓子不如做出样子"却萦绕在我心间，让我坚定了脚踏实地、努力工作的决心。

渐渐地，我在新公司干出了成绩，老总一直劝我做一些经验推介的演讲，还为我设计了一些煽情的口号。我笑了笑，婉言拒绝了老总的好意，说出了"喊破嗓子不如做出样子"这句话，并说了我和黄姐以及原来公司里开例会的事情。原来，老总想效仿别的公司，每周开例会来提高员工的积极性。听我这么说后，他就取消了这样的计划，还引用"喊破嗓子不如做出样子"的观点，亲自在公司内刊上撰写了一篇题为《喊与做》的文章，号召公司的员工都做实干家，实打实地干出成绩来。

在职场中，很多人要做一件事之前，都喜欢喊上一嗓子，希望有一个隆重的开始。其实，就跟盖房子、建桥梁一样，不管开工仪式多么隆重，不管祭神仪式多么虔诚，不管有多少领导莅临，不管有多少媒体关注，如果不能建得结实美观，再漂亮的开始都是徒劳。舞台上的歌者总在调整临场的状态，希望开唱的第一秒钟就有惊艳的表现，可是能不能漂亮地坚持到底，这就要画上大大的问号了。或许有人为漂亮的开场喝彩，但是最让人折服的还是潇洒的落幕。

我认识一个朋友，身高比我矮了10公分，体重却比我多了20公斤，是个地地道道的大胖子。大胖子的日子没那么好过，站着会累，坐着也会难受，一身肥肉想甩也甩不掉。后来，他不止一次跟我说："哥们儿，我要减肥，我要瘦身，我要做美男子。"我笑着说："减吧？哥们儿，你可别光说不练。"

第二天，他就开始选择登山运动，还要求我陪伴左右。看着他汗流浃背地登山，我仿佛预见到他日渐消瘦的模样，毕竟登山太消耗体力了。接着，他还去体育用品专卖店买了许多国际品牌的登山装备，大有把登山进行到底的架势。我说："哥们儿，你只要坚持一年，肯定会瘦二三十公斤的。"可是，登山还没进行一个星期，我就找不到他的人影了，只剩我孤独地攀登着。当我联系到他时，他却说："哥们儿的登山装备，只要你需要，我就全部奉送。"

没几天，他又向我亮出一张一年期的健身房的健身卡，说相信凭借健身导师和器械的帮助，自己一定能够成功地瘦下来。我想，这次他的信念应该是很足的，毕竟花了大把的人民币。可是，不到一个月，他就不肯再去健身房了，说健身是个苦活、累活。结果，我又成了健身卡的"下家"，每周可以去免费健身几次，还跟健身房的女导师看对了眼，当然这是题外话了。

再后来，他再跟我提他的减肥大计时，我连眼皮都懒得抬一下，只是淡淡地说："千万个隆重的开始，也不如一个简单的完成。"此话一出，他再也接不上话来，好像被我戳到了痛处。我不知道他是不是会重新规划减肥的想法，但是至少我尽了朋友的责任，哪怕我说的话有一点点咄咄逼人。

可是，转念一想，或许在瘦身这件事情上，自己比他更有毅力一些。但是，在工作和生活上，虎头蛇尾的事我也没少干过。我很早就爱上了写作，尝试过诗歌和散文的创作，曾经梦想写一部好看的长篇小说，甚至希望小说能改编成影视剧。可是，写惯短文的我每次给小说开了头，慢慢地，就没有继续创作的热情了。我有好几部小说只开了头，还有两部写了几万字也搁浅了，我至今都没有一部完整的小说作品。

我曾经在一家公司做彩扩员，明明知道数码时代即将来临，却迟迟不肯报名参加电脑培训班。最初，我准备自学数码影像技术，电脑买了，书籍买了。可是，我不知不觉却爱上了上网聊天，把对影像技术的钻研完全抛诸脑后了。后来，我又去报名参加电脑培训班，但总能找到缺课的理由，让一笔不菲的报名费打了水漂。当数码时代真的来临，传统彩扩被逼退出市场时，我不得不去寻找别的工作了。

虎头蛇尾是很多人共同的缺点，谁能先克服这个毛病谁就能先获得成功。

晴天心语

很多时候，我们的热情总会在最初点燃，可是火焰又迅速地消退，最终只落得一事无成的结局。与其开始时轰轰烈烈，倒不如低调地启动，扎扎实实地落实，最后简简单单地完成，这才是最完美的人生曲线。

只有想不通的人，没有走不通的路

有时候，我们的人生会有一种错觉，仿佛已然陷入了神秘的迷宫，每一条路都在向前，每一条路都在转弯，可是怎么都找不到出口。其实，迷宫是有出口的，每一条看似走不通的路，最终都会有人潇洒昂扬地走通。当然，有人享受穿越的快感，便有人接受处处碰壁的现实，甚至最后不得不缴械投降。

然而，人生却不是游戏的迷宫，如果你无法理智地穿越，没有人会引导你前行。人生的路有坎坷也有坦途，每一条都需要自己亲自去走；人生的前方有一马平川，也有绕不过的死胡同。面对死胡同，我们可以越墙而过，也可以凿墙而过，但是不必钻牛角尖，痛哭流涕不如解放大脑，办法是人想出来的，路也是人走出来的。

辉仔是我的同乡，他最近入职了一家日用品公司，他的职位是销售部的副经理。辉仔入职的第一份业务就是个大单，如果谈成这笔大单，不仅公司会获得好的效益，辉仔也会树立自己的威望。可是，等辉仔拿到客户的资料时，他才发现大事不妙——

原来，客户是某公司的黄总，辉仔曾经在那家公司上过班，因为理念上的差异太大，辉仔和黄总曾经大吵过一顿，若不是同事们及时阻拦，甚至大有出手相搏的架势。辉仔离开时还甩了句狠话："从此以后，我再也不会踏进你的公司半步。"黄总看着辉仔走了，虽然按捺住了情绪，但还是火气直冒。

要再次面对黄总，辉仔顿时慌了手脚，别说如何说服黄总，就是见面怎么开口，都是个不小的难题。后来，辉仔在自己的朋友圈发了条消息，把自己的难题一股脑儿"倒"了出来。没想到，朋友圈的意见格外一致，大家都建议他迎难而上。有个女生还说，前面的路到底通不通，只有自己走过才知道。

这让差点要放弃的辉仔有了信心，他告诉自己如果试都没试就放弃，不仅对不起新公司对自己的信任，恐怕连自己这一关都过不了。于是，他鼓足勇气回到了以前的公司，他发现老同事基本上都不在了，这让他没有想象中的那么尴尬。接着，他敲开了黄总办公室的大门，时隔多年再次和黄总面对面了。

黄总并没为难辉仔，而且还招呼他落座。辉仔开诚布公地说："对不起，黄总，当时我年纪小火气大，顶撞了您，现在我向您道歉。"黄总摆摆手，说："那都是多久以前的事了，而且你当时和我吵，不是为自己的利益，而是为公司着想，不管看法对与不对，这都是你的一份诚心。其实，你走后，我发现你这样的好员工越来越少了，我倒是一直期望你吃回头草呢！"

黄总这么一说，辉仔彻底放松了，还和他开起了玩笑："我这不是来吃回头草的，而是来跟您谈笔业务的。"辉仔公司的产品正是黄总需要的，而且价格也合情合理，谈判进行得格外顺利。告别时，黄总拍着辉仔的肩膀说："其实，世界上没有走不通的路，任何时候都不要绝望，只要你及时想通了，走不通的路也就通了。以前，我看重你的赤诚，而现在我欣赏你的勇气，如果你愿意，我随时欢迎你吃回头草。"

辉仔显然是赚了，不仅获得了一笔大订单，也与昔日的老板冰释前嫌。然而，在此之前，这两点都是他想都不敢想的，甚至认为自己面前的是死胡同。有时候，人生就像一道深深的胡同，然而那并不是可怕的死胡同，如果勇敢地多走几步，或许你就会发现胡同深处还有另一出口，绝望的深处是明晃晃的希望。

胡同的前面还有胡同，河流的前面还有河流，山川的前面还有山川，路的前面自然还有路。车到山前必有路，船到桥头自然直，每一趟旅程都不会轻易陷入绝路，就像任何一道代数题也可能都是无解的。如果前路真的暂时遇到了阻滞，不妨先把车停下来，把船靠在岸边，办法总会比困难多，不通的路也很快就通了，愁容很快会被笑脸取代。

在森林迷路的人会很慌张，如果只是一味地流泪，眼泪会有流干的时候，路却不会自己冒出来。如果我们手握指南针，可以选择一路向南，或者我们可以做一朵可爱的向日葵，像夸父一样勇敢地追日。总有一条路通往森林的边缘，总有一条路通往河流和山川，总有一条路会带我们离开迷宫，只要我们有信念和斗志，就会找到森林的出口，就会找到让自己不流泪的理由。

想不通的时候，不妨停下来休息一下，或者换一种思维的方式，路不在我们的思绪里，路在我们沉静后的视野里。人生从来没有绝望的处境，只有对处境绝望的人。对处境绝望的人，常常看不到希望，看不到前面的路。其实，希望就像一束光，可以照亮前面黑暗的环境，最终让我们拥有绝处逢生的机会。

🌤晴天心语　　思想有多远，我们就可以走多远，没有什么可想不通的，无谓地出发就会激扬，勇敢地向前就可以抵达。

听得进的是建议，听不进的是批评

多年以前，我已经创作了大量的散文作品，和许多作家朋友的想法一样，我希望能将它们结集出版一本书。在整理自己的散文作品时，我敝帚自珍舍不得抛弃任何一篇文章，恨不得把每一篇文章都选到自己的作品集里。

由于经济拮据，而且没有特别的销售渠道，所以我希望出一本能赚稿费的公费书。我有很多朋友在从事出版工作，有的在大大小小的出版社供职，也有的在做出版策划工作。于是，我将整理好的书稿交给了他们，其中有一位做出版策划的朋友回话了："你这本书，别说拿去出版赚稿费，就算是倒贴钱也不能出版，你还是多看看别人的书，整理书稿时多用用心，多选点好稿子到集子里。"

我当时有一点点恼怒："我当你是朋友，需要你给有用的建议，而不是火辣辣的批评，甚至连批评都带着讽刺的味道。"当然，这是我心底汹涌澎湃的声音，我并没有不管不顾地说出来。可是，我多少还是有些不好受，甚至开始怀疑我们的友谊，并为此郁闷了好长时间。不过，其他出版界的朋友都没有回复，当我追问对书稿的看法时，他们基本上不愿意多谈。这让急于出书的我，像迷了路一样找不到方向，只能干着急。

再后来，我开始采购其他作家的散文集来看，然后自己去研究那些书的优点，以及整理书稿和目录的一些方法。我替换了书稿中接近一半的文章，又增加了一些新创作的稿子，力求书稿的文字风格更统一、内容更丰富。接着，我继续费力地推销自己的书稿，最终书稿被一位搞出版的朋友看中，接着顺利地签约出版了。

我忍不住对搞出版的朋友说："谢谢你的一些宝贵建议，让这本别人说倒贴钱都不能出版的书终于可以正式出版上市了。"他明白我话里有话，顺便了解了一下我这本书稿出版的波折。接着，他笑着说："你这本书早已不是原来的那本书了，做出版策划的朋友给你的并不是批评，而是弥足珍贵的建议。你不正是沿着他指的方向，一点一点朝着让书稿可以出版的方向努力的吗？你要做的是感谢他，而不是在这里埋怨他。"

真是"一语惊醒梦中人"，原来我曾经听不进朋友的建议，把好心的建议当作刺耳的批评，而这些批评却是最有营养的建议，让我不断向前进。和这个做出版策划的朋友疏离了一段时间后，当心底的郁结彻底地解开时，我开始如常地跟他进行交流。而他也很真诚地说："我知道你的集子出版上市，我特地买了一本回来收藏，希望你未来能出更多好书。"我非常认真地说："如果没有你的建议，我或许还不知道该怎么整理一本书稿，离出书的梦或许还很远很远。"他淡淡地说："朋友的功能不就是这样吗，适时给一些自己的建议，让对方少走弯路、尽快成功。"

交际类书籍告诉我们，对于朋友，要多多地表扬和点赞，少一些批评和指责。其实，我们每个人都习惯了听好话、不爱听坏话，忠言逆耳常常会让我们产生抵触情绪。可是，旁观者清，朋友常常更能看清我们的问题。如果对我们的问题视而不见，反而像朋友圈里你倒霉他也埋头点赞的人一样，那朋友的意义又如何体现呢？其实，我们自以为是坏话的言语，很可能并不是不留情面的批评，而只是一种友善的意见和建议。

朋友的忠言，如果我们能够听得进去，那便是弥足珍贵的建议，如果听不进去就成了批评。显然，我们需要有宽阔的胸襟，懂得接受来自他人的建议，哪怕那些建议有一点点咸、有一点点辣，但是总比不咸不淡的话来得"有营养"，总比违心的阿谀奉承来得贴心。最终，我们得到了一些宝贵的指引，收获了梦寐以求的成功，自然会感激那些曾苦口婆心的朋友。

当然，总有一些时候，我们分不清建议和批评，不明白朋友的真正用意。但是，我们可以选择淡然地接受、慢慢地消化，而不是激烈地反驳。酒逢知己千杯少，话不投机半句多，当朋友的善意表达遭遇横眉冷对时，很难保证他下次还能冒险谏言。生活中常常不缺拍手鼓掌的人，但我们误入歧途时，最需要的是提醒和建议。倘若等到铸成大错，然后再幡然醒悟，无疑是亡羊补牢悔之晚矣。

我们总会有一些嘴巴不饶人的朋友，当接受不了对方的言论时，我们会忍不住说"这个人嘴巴够损的"。可是，真正的损友不会说难听的话，会为我们的错误违心地点赞，让我们失去对事情理智的判断。在我们风光无限时，损友会时刻环顾左右；在我们误入歧途时，损友却又消失无踪。而那些总是给我们建议的朋友，却不会轻易地缺席我们的人生，在我们最需要人陪伴的时候，他们绝不会轻易选择隐身，而是会选择安静地留下来。

晴天心语 把耳朵打开，把心房打开，愉快地接纳朋友们的建议吧！哪怕那些建议听上去像批评，也不要轻易地皱眉头甚至给予反击，因为那是最宝贵的礼物。

有时候，摔跤只是因为总是看着高处

谁都喜欢品尝成功的滋味，谁都不爱跌倒受伤的感觉，可是有时候我们走着走着就跌倒了，不是被一块石头绊倒，就是被一个坑给"暗算"了。小孩子跌倒时，有人在身边他就会哇哇大哭，没人在的时候他就会爬起来继续玩耍。成年人则恰恰相反，有人在身边时就会收起泪水面带笑容，没人在的时候也会泪泛眼眶伤心一阵。

我曾经接受过公司企业内刊的编撰工作，本来这是和文字有关的工作，而我的兴趣和专长也刚好是写作，所以我有信心把这份工作做好。当然，这只是我兼任的一份差事，当时我主要负责的还是人力资源管理的工作，公司大大小小的面试需要我筹划，甚至连员工的工资表也要我协助整理。

最初，我以为编撰企业内刊并不困难，一月一期的内刊我理应能顺利完成。可是，没想到，我接手的第一期内刊就延迟了，公司员工和客户晚了半个月才拿到内刊。而我捧着编撰好的内刊时，却有一种怎么看都不满意的感觉。我忍不住在朋友圈里说，编杂志真不是件容易的事情，编好的杂志恨不得塞进碎纸机。

很快，某名刊的编辑联络了我，说："小路，你到底编的是什么杂志，难道比我的活儿还难？"我实话实说："我编的是公司的企业内刊，不过我可是向您编的杂志看齐呢？"其实，我说的是实话，我觉得一本内刊也应该高标准、严要求，这样才能抓住公司员工和客户的心。可是，不管怎么努力，我总觉得杂志的编排和稿件的质量，跟名刊的差距无限大。

这位编辑说："名刊和内刊的定位是不一样的，名刊的读者数以百万计，而内刊的读者却少得多。有时候，我们一不小心摔了跤，只是因为总看着高处。可是，人生是一个漫长的过程，我们不仅要学会眺望高处，也应该平视前面的路，偶尔还要看看脚下的坑。这样的话，我们或许走得没那么快，但是却可以平平稳稳的。"

温家宝总理也曾经说过，我们既要仰望星空，也要脚踏实地。如果我们总是看着高处，总是期待获得耀眼的成功，可是一旦我们忽略了脚下的路，不仅是偶然会摔个小跤，甚至还会让此前的努力前功尽弃。其实，很多挫折是可以避免的，很多深坑也是可以绕行的，关键是我们抱着什么样的心态。

许多年轻的朋友刚刚创业，五年的梦想就是要开几间分店，十年的梦想就是让公司上市。五年或十年都是很短暂的时间，开分店或公司上市都是很大的梦想，当然也不能说全无实现的可能。可是，如果不好好经营眼下的这间店，尽一切努力把店里的生意搞上去，别说是开分店或上市，恐怕随时都会遭遇关门大吉的危险。

其实，每个人都有自己的梦想，可是梦想太大也会虚无，倒不如把自己的大梦想切割成容易实现的小梦想。在追逐梦想的过程中，偶尔看看高处也没有关系，但是要懂得适时收回目光，让自己的心更贴近现实一些。如果平平稳稳地行走，那么摔伤自己的可能性就会小很多。

邻居女孩小琴做梦都想成为某度假酒店的大堂经理，甚至在酒店开业前的面试时就尝试过这个职位。可是，主考官的一轮问话，她基本上都答不上来，这让她产生了很大的挫败感。后来，她沉寂了一段时间，也进行了相关知识的恶补，预备冲刺下一轮的面试。可是，第二次，小琴依旧没有面试成功，主考官还建议小琴："我知道你属意大堂经理的职位，可是你跟这个职位确实有一定的差距。千里之行，始于足下，我建议你先从酒店客房服务员做起，等对酒店的运作有了更多的了解，你再尝试争取酒店大堂经理的职位。"

后来，这家度假酒店正式开业了，酒店的人气持续高涨，招聘会再一次来临。这次，小琴直奔客房服务员的职位而去，主考官看到小琴后会心一笑，小琴顺利地得到了这个机会。事后，主考官对小琴说："小琴，你好好干，一定会有圆梦的那一天。"小琴不再东想西想，而是努力做好自己分内的工作，也没再跟人提起那个大堂经理的梦。

几年过去了，大堂经理的表现都非常好，职位稳定得谁也撬不走。不过，由于在客房服务中表现出色，小琴被正式提拔为客房部经理，也算是间接圆了自己的梦。做了客房部经理后，小琴常常和自己的手下分享自己的心得："年轻人要有自己的恢宏梦想，但是不要总是盯着高高在上的地方，还要记得一步一个脚印。眼高于顶难免会摔跤，摔跤或许不是太可怕的事情，但是总会延误我们通往成功的进程。"

其实，成功是每个人都渴求的，但是把人生愿景放在心底，专心赶路才会离成功更近。

晴天心语　　正如那个编辑所说："人生是一个漫长的过程，我们不仅要学会眺望高处，也应该平视前面的路，偶尔还要看看脚下的坑。这样的话，我们或许走得没那么快，但是却可以平平稳稳的。"

如果自己不努力，没有谁会替你奋斗

少年时代，我们的家境非常贫寒，父母的收入只能勉强维系家庭开支。父亲经常说："我们能做的只是养育你们，让你有饭吃、有书读，以后的生活还得靠你们自己努力，如果你自己不奋斗，谁也不能保证你们的未来多美好。而且，我们无法陪你们一生一世，父母总是会先离开的，有好长的路你们只能孤独地行走。"

小时候，我过着衣来伸手、饭来张口的日子，曾以为一辈子都有父母的庇护，日子也会一直风轻云淡、花开明媚。没过几年，我就开始了校园生活，紧张的学习就像一场战争，稍有懈怠就会远远地落后。我终于明白了，父母不可能为我们承担所有的事情，更多时候，需要我们自己努力向前奔跑，而不是指望父母替我们冲刺。

我们常常会读到一些新闻，许多商业巨贾家财万贯，但往往不会给子女留太多钱，甚至会向外界宣布去世后裸捐。很多人对此表示不解，富一代功成名就，何不让富二代过得轻松写意一些，不然富一代的奋斗又是为了谁？其实，富一代有富一代的人生，富二代有富二代的生活，留给后代最好的是努力奋斗的品质。

富一代并不是不爱自己的孩子，然而富一代可以给孩子财富，却给不了孩子奋斗的体验，太奢侈的奉献换来的只能是恣意地挥霍。很多富二代不思进取，花钱如流水，甚至做出违法的事情，无非是得来太过容易，不懂努力是何物，不知奋斗跟自己有何关系。不曾努力就收获，不曾奋斗就成功，这样的收获是虚无的，这样的成功也是苍白的。

让孩子吃苦的家长是好家长，挫折教育比无原则的呵护更珍贵，每个小孩都会有跌跌撞撞的阶段，但是让小孩自己独立成长才是最好的教育课。跌倒后才能知道行走的可贵，受伤后才能知道坚持的可贵，只有流过泪水的眼眸才最清澈，只有翻山越岭的跋涉才最难忘。失败从来都不是丢脸的事情，只有不努力、不奋斗才最难堪，依赖他人根本无济于事，毕竟所有的路程都要自己一步步走过。

其实，人生是我们自己的，职业生涯也是我们自己的，如果我们自己不好好努力，谁又能帮我们奋斗？

在一个娱乐节目中，一位 25 岁还在跑龙套的演员向成龙取经："我怎样才能获得更多的表演机会，甚至成为跟您一样大红大紫的巨星？"成龙跟他分享了自己跑龙套的经历，还说跑龙套没少受各种委屈，可是就算心底有再多再多的抱怨，我也从来没有放弃过坚持。当然，说到成龙的成功，除了不抱怨，更多的是不懈的努力。

众所周知，成龙是拼命三郎，许多格斗场面他都是真打，甚至从天桥跳到行驶的巴士上，他也是百分百地倾情演出，就算是为了拍摄电影伤痕累累，他也很少用替身拍摄。可能正是因为成龙的硬汉风采，不仅国内的观众喜欢他，他在世界各地也拥有许多忠实的粉丝。可想而知，如果没有坚持不懈的努力，怎么会有他今时今日的成就？

显然，每个功成名就的人士都有一段奋斗的过程，那段奋斗的过程甚至是寂寞无助的。可是，世界上没有谁能随随便便成功，不经历风雨又怎么能见彩虹？少壮不努力，老大徒伤悲。今天的不努力，换来的就是明天的一事无成。其实，所有的成功都归功于昔日的努力，就像那句在年轻人中传播度很高的那句话：将来的你，一定会感激现在拼命努力的自己。

我曾经在一家彩扩店工作，那时候媒体开始预测数码科技将大行其道，可是我们业界却没有几个人相信顾客会不再买胶卷，也不再来冲洗照片。我们甚至武断地认为，传统影像技术会继续坚挺二十年，甚至会五十年热度都不退。可是，不到五年的时间，数码科技就席卷而来，传统影像的份额迅速下降。

我的同事小谢早早地开始钻研电脑技术，并且还报名参加了电脑培训班，同时还报了一个摄影班的课程。小谢说："我相信老天不会遗忘努力的人，我学的电脑和摄影技术，会让我抵抗数码科技带来的风暴，至少让我不会轻易地失业。"后来，我们的彩扩店关张了，接着关张的彩扩店越来越多，留下的彩扩店也完成了技术升级。

胶卷真的没有市场了，冲洗照片的人也越来越少，面对影像业的新形势，我和其他同事无所适从。失业后，我们发现自己无法和这个行业继续对接，而进入别的行业只能从零做起，薪水少得可怜但是又不得不干。

可是，由于小谢早早地努力，在风云变幻之际，他竟然完全不惊慌。后来，好几家彩扩店和影楼都向他递来"橄榄枝"，他反倒陷入了一种幸福的甜蜜。这时，我们开始羡慕起小谢，同时也不得不承认："小谢，这一切都是你自己努力的结果，而我们却没有好好奋斗。"

晴天心语　　　拥有青春，认认真真地努力，无怨无悔地奋斗，就不枉岁月的青睐、时光的眷恋。

谁也没有义务帮助你，你才是自己的真理

孤独仿佛是定格于我们脸庞的一个符号，我们常常渴望一种被温暖的感觉，可是孤独之后我们却收获了寂寞。行走在街头的老人家跌倒，渴望有人伸手扶一把，可是路人却怕他是假摔。而行走在人生路上，我们也常常有孤立无援的时候，也希望有人站出来对我们说："朋友，我来帮你。"

然而，更多时候，我们盼不来自己需要的帮助，就算跌倒受伤也只能独自哭泣。很多路需要我们独自去走，很多比恐怖片还要黑暗的夜需要我们自己去穿越，无人喝彩也无人支援的日子拉得很长很长。其实，这没有什么好抱怨，谁也没有义务帮助我们，而我们又何曾为别人的人生奉献过多少？

前路漫漫，尘土飞扬，我们都在忙着赶路，我有我的春秋大计，你有你的风花雪月。能走好自己的青春路都很不易，哪里还有力气去打理别人的人生？其实，朋友有难不伸援手，真的不是将友谊抛诸脑后，有时真的不过是自顾不暇。或许有人要求对方舍身相救，可是换位思考一下，你又能为谁奋不顾身呢？

我们曾经有一段家境不好的时光，每年学校开学收取报名费时，父亲就会去找亲友们借钱。可是，并不是每次都能借来钱，父亲的脸色会有一些难看，母亲还说："以前我们好过的时候，来借钱的人踩破了门槛；现在找他们借点钱，个个都当缩头乌龟。"可是，父亲却淡淡地说："关于借

钱，借是情分，不借是本分。"

当时，父亲还教诲我们说："富贵只能保一家，聪明只能保一人。"当时，我还不是很懂这句话，后来慢慢领悟了其中的深意。再富贵的人也只能保证一家的衣食无忧，面对亲友们纷纷伸出的求助的手恐怕也爱莫能助。而拥有聪明才智的人，更是无法将自己的智慧分享给家人或朋友。有时候，不是我们选择了自私，而是我们的能量有限罢了。

我们常常要求别人为我们做这做那，很多事情不仅超越了职场的范畴，甚至超越了友谊可以承受的范围。一旦自己的要求被拒绝，我们免不了会怒发冲冠，甚至以结束友谊为要挟；然而，友谊不是我们胡乱要求别人的通行证，友谊也不是索取别人帮助我们的紧箍咒。当我们苛求朋友出手相助时，只会加重朋友的功能性，却忘了朋友是一种心与心的碰撞和交流罢了。

过去是自己的，现在是自己的，未来也是自己的。总有一段很长的路要自己走，不像唐僧取经有孙悟空、猪八戒、沙和尚陪伴，我们在奋斗的路上常常无法左右逢源，跌倒了自己扶自己一把，受伤了自己安慰自己别哭。独行的路有一点点孤单，然而勇闯天涯的感觉也很美，天和地都在我们的主宰之下，未来的一切可能都有望实现。

年岁渐长后，不像年少时光，每当遇到困难时都会黯然神伤，期待有贵人像佐罗一般降临。成熟或许是接近衰老的过程，但是我们开始懂得承担和坚强，开始能够轻松淡然地面对挫折。没有救世主，没有带来希望的天使，我们开始直面纷至沓来的困难，然后凭一己之力来完成攻克困难的过程。

谁都希望遇到贵人，但是贵人并不是说来就来，更多时候需要自己扛下重担。职场中有一马平川的时刻，就有穿越黑暗隧道的漫长过程，没有光的感觉有一点点绝望。然而一旦我们咬牙坚持，所有的黑暗就都会被光明代替，希望的曙光最终会覆盖细若游丝的绝望。

就像孩提时代依赖父母一样，到了可以谈恋爱的季节，我们开始依赖自己的心上人。女生最爱的不是帅气的"小鲜肉"，而是有能力保护自己的"汉纸"。小时候，女生觉得老爸是威武的超人；青春季，女生会觉得男友是无坚不摧的金刚。可是，男友也不是你的全世界，金刚不是不会累的超人，男友随时都会倦会烦，没有永远的依赖，只有永远的自强。

有一个很红的段子说，新新女性得讲"八得"："上得了厅堂，下得了厨房，杀得了木马，翻得了围墙，开得起好车，买得起新房，斗得过小三，打得过流氓。"其实，女生变得更强，并不是一件可悲的事情，当依赖被自立自强取代，女生才会让自己变得强大，不仅能无畏地直面风雨，也能在情感的世界里游刃有余。

求人帮助仰人鼻息不舒服不自在，万事不求人自己的痛自己疼，不管我们可以走多远、登多高，那种奋斗的感觉是激扬人心的。在通往远方的路上不拒绝帮助，但是也不翘首期盼援手，踏踏实实地过每一天，稳稳当当地走每一步吧，我们就是自己的真理。凭着自己的能力，只要出发，我们就能抵达。

晴天心语 别人的帮助，贵人的出现，不该是我们成功的唯一契机，未来的局面靠我们自己去开创，就算孤立无援也不要抱怨，希望就在我们自己的手上或脚下。

无法改变世界时改变自己

阿基米德曾说："给我一个支点，还有一根足够长的杠杆，我就可以撬动整个地球。"然而，阿基米德并没有撬动地球，就像平凡如你我也很难改变世界。但这不代表我们就该碌碌无为，如果我们无法改变世界，那就试着改变自己。

方向如果不对，跑得越快离目标越远

朋友大刘要结集文章出书，可惜，他的文章都是一些幽默段子，出版社以此类文集无市场拒绝了大刘。大刘愤愤地说："这些幽默段子都在报纸的副刊上刊登过，报纸有过百万的销量、数百万的读者，有这么多读者关注，你能说没有市场吗？"

没多久，一家文化公司的编辑联系了大刘，先对大刘的文笔进行了一番恭维。接着，编辑说可以低价帮大刘出自费书，首印一千册，卖完这一千册，不仅能收回自费出书的成本，还能小赚一笔。大刘顿时被这种热情冲昏了头脑，立即有一种千里马遇到伯乐的快感。大把的钞票一掏，合同一签，很快文集便印刷出版了。

本地书店不愿意售卖大刘的书，大刘就打起了满街的报刊亭的主意，他说："全市少说有几百个报刊亭，一个报刊亭卖几本，我的书就脱销了。"可是，跟大刘最熟的一个报刊亭的老板说："市民愿意买一元钱的报纸、二十元的时尚杂志，却不愿意买自费出的书。书搁在报刊亭卖，除非是明星名人的畅销书，不然还真卖不动。"

抱着新出版的书，大刘耷拉着脑袋离开了，报刊亭老板大声说："刘，你家在那边，你走错方向了。"那一刻，报刊亭老板无意中的提醒，却让大刘明白：其实，自己的热情是南辕北辙的，有时方向比热情更重要。此后，大刘放弃了继续出书的想法，用心地创作，写出了不少好作品。一些幽默段子还被相声、小品演员看中，被改编成脍炙人口的好节目。

　　和大刘一样，其实我们每个人都有热情，都有梦想，都在不停地跋涉。可是，在拼命赶路的同时，我们也别忘记停下来思考人生，思考甚至比热情更重要。如果成功真的有捷径，正确地选择方向应该也算其一吧。

　　出发时，我们常常有明确的目标，比如，希望成为作家出版畅销书籍，登上大舞台唱最动听的歌、跳最棒的舞。然而，归根结底，我们的目标还是做更好的自己，让自己的明天越来越精彩。梦想就像我们人生的方向，我们常常会选错了方向，浪费了太多太多的时间。

　　著名影星曾志伟最初的梦想是成为球星，他甚至凭借自己的努力加入了香港青年队，在亚洲范围内参加过一些重要的比赛，还获得过一些或大或小的荣誉。可是，碍于身材矮小，曾志伟在绿茵场上的发展受到了限制。他开始发觉自己没有上升空间，不可能在更大的范围闪光，最终也不会成为名扬四海的大球星。

　　本来，他还想在绿茵场上再坚持几年，后来他遇到了到现场看球的洪金宝。洪金宝对曾志伟说："我劝你还是跟随我做龙虎武师，不然你在绿茵场上待的时间越长，你就会离自己的目标越来越远了。"曾志伟幡然醒悟，自己不一定非要做球星，做球星的梦想可能是一个错误的方向。如果想获得万众瞩目，获得粉丝的爱戴，做电影演员，也是一个不错的选择。

　　后来，曾志伟调整了方向后，跟随洪金宝进入了娱乐圈，他的人生犹如驶入快车道。凭借足球运动员的身体素质，以及慢慢被开发出来的幽默细胞，曾志伟成了炙手可热的影星，并且还参加了许多节目的主持工作。试想，如果曾志伟"一条道走到黑"，坚持选择错误的方向，恐怕他现在只会是名声有限的香港退役球星罢了，而不会拥有今时今日的辉煌地位。

　　一条道走到黑，一听就是很愚蠢的行为，可很多人就是义无反顾地坚持着。条条大路通罗马，错误的方向引导我们绕过整个地球，殊不知只需要一个转身的选择，我们就可以非常便捷地抵达目的地。不要等到察觉终点的"黑"后，我们才慢悠悠地调整方向，那样付出的不仅是昂贵的时间成本，更会让我们的情感无辜地受伤。

在职场中，方向常常比方法还要重要，方向决定我们最后的成就，如果方向选择错了，任何方法也无法让我们纠错，甚至只能眼睁睁南辕北辙徒叹奈何。奔跑在人生的某一条路上，一旦确定前面的方向错了，就越奔跑越疏离、越奔跑越无望，就像一幕无法阻止的悲剧。

最初，我们都希望自己选择对的方向，而且这个方向是不变的永恒。可是，方向的对与错是需要时间审核的，或许常常在时光的检验下，对的方向不再对，曾经不对的方向却是正解。就像爱情，我们常常以为自己选了对的人，以为一瞬就是一生一世，甜蜜的牵手永远不会放开，时光不老我们不散。

可是，在时光的淘洗中，我们慢慢发现这不是自己要的爱，红尘的一段路貌似走错了方向。结束一段感情是痛苦的，但是长痛不如短痛，走得越远，错得越深，倒不如挥刀斩情丝。这样说的意思并不是不珍惜情感，而是当深陷错误缘分的旋涡时，适时的抽身于人于己都是负责。

没有谁不会选错方向，但是错了就停下来；如果继续奔跑只会错上加错，最终离最初的目标遥不可及。

晴天心语 跑得再快，也要停下来看看方向，手中没有罗盘，心中要有指南针。如果方向错了，奔跑就应该适时地停下来，不然只会南辕北辙。

很多时候，一个人的价值取决于其所在的位置

一瓶一元钱的矿泉水，到了庐山山顶价值八元钱；在农家地里一斤八毛钱的冬瓜，进了城里的菜场超市要两三块钱；在家里只是家庭煮夫的男人，可能是商场的大老板、大学的教授或者帅气的电影明星。

水还是那个水，冬瓜还是那个冬瓜，男人还是那个男人，然而一切却在悄悄地发生变化。其实，变的不是水、冬瓜或男人，而是现实生活中的环境或位置，随着环境或位置的改变，水和冬瓜的价格在变，男人的重要性也在变。

许多官员在任时春风得意、左右逢源，一旦卸任或退休便会门可罗雀。无法适应的人常常会失落，甚至还因此落下了治不好的心病。或许这有一点点残酷，别人对你阿谀奉承，其实并不是针对你这个人，而是你的地位。

当然，把一个人的价值跟他的地位相连，这好像有一点势利眼的趋向。然而，有时候人生就是如此现实，当你有利用价值的时候，人人都会对你毕恭毕敬；当你不可再利用时，自然就会树倒猢狲散。

年轻人常常会抱怨"英雄无用武之地"，用武之地的"地"就是所在的位置。时下，高校真实的就业率其实很低，许多年轻人常常无法顺利就业，或者在不如意的岗位屈就。于是，难免就会有价值得不到实现的抱怨。

当然，抱怨根本解决不了问题，更好的位置也不是想要就有的。与其

在较低的位置自怨自艾，倒不如脚踏实地地努力，从较低的位置过渡到较高的位置，这不仅是事业进步的体现，也是实现自我价值的过程。

就算偶尔处在较低的位置无法自拔，面对各种各样棘手的难题，我们也不必立即缴械投降。或许我们的价值跟所处位置有关，但是没有永恒不变的位置，也不会有永恒不变的价值，我们随时都会迎来华丽的转身，那些吃过的苦都是人生宝贵的勋章。

我认识一位本地的作家，他供职于某行政部门，平时还负责企业报的编辑工作。系统内，经常会组织一些文学讲座，而这位作家也是讲座的座上宾，常常会给员工们开讲。当然，讲座并不是义务劳动，每次都会发放不低的报酬。

可是，我的作家朋友还是常常抱怨，说自己的讲座报酬并不是很高，某些名家一场讲座动辄万八千，自己拿的那点钱实在是可怜。我忍不住说："你就随随便便上台讲讲，已经相当于我一个星期的薪水了，而且你又不是什么知名人士，还是别太贪心的好。"

我还实话实说："哥们儿，我和你水平相当吧？你看看，你时不时来个讲座，而我一年都难得有一次。你羡慕人家名家机会多，我还羡慕你有个好单位，从而获得了那么多机会。"我的羡慕辉映着他的快乐，他就不再继续抱怨了。

后来，我和这位作家朋友一同参加了省作协的青年作家高研班，他还是时不时唠叨讲座报酬少。等到高研班接近尾声时，他喜笑颜开地告诉我："路，你知道吗？我还没回去，他们就邀请我举行几次讲座，而且讲座的费用提高了50%。"

我自然替他高兴，而他却反复说："这是为什么呢？这是为什么呢？……"我笑着说："高研班是一个学习机会，也是对我们实力的高度认可。你的地位提高了，讲座的报酬自然跟着涨，这也是合情合理的事。"

我的作家朋友听我这么一说，顿时豁然开朗："我再也不羡慕别人的讲座报酬高了，相信通过我自己的努力达到别人的高度后，我一样可以拿更多的报酬。"其实，世界是公开的，你的努力和进步都不会被忽视，而且好运总是眷顾努力的人。

作家被文学爱好者尊敬和追捧，但是如果换到商贾和官员云集的场面，作家就难免会被定义为穷酸书生。并不是作家的水准打了折扣，而是作家走向了另外的位置，文学的作用变得微弱了。此情此景，或许我们需要换另一张名片，或许我们需要选择回避或离开。

个人的价值和才华真的需要适当的位置，不然走错场合、卖错萌就有如南橘北枳，个中滋味可能也好不到哪里去。我们不仅需要较高的位置、较好的位置，也需要真正适合自己的好位置。只有在合适的位置，才能让魅力开足马力绽放。

其实，位置高高地摆在那儿，有的人唾手可得，有的人却鞭长莫及。人生是一个求索的过程，就像追求我们人生的任何一个目标，要攀登到属于自己的位置需要一定的过程。我们要对自己有耐心，也要对时间有耐心，最后无疑会功到自然成。

当然，不管我们未来会停留在什么位置，都不可以放弃一如既往的坚持，不努力、不进取位置就会贬值甚至消失。最后，我们会从令自己欣喜的位置跌落，那些本以为不会丢失的价值，最终都会瞬间灰飞烟灭。

晴天心语　我们不必抱怨自己不在高位，而是要努力让自己抵达高位，这样才能享受自我价值被肯定的幸福。

不要把命运交给别人来决定

一次，我负责组织一次大型招聘会，许多求职者都接受了面试。面试结束后，求职者认识不认识的都在交流，有个男孩不太自信地说："能不能被录取，我们也只好等公司的通知了，反正命运已经交到别人手上了。"初听这样的话，我觉得有些怪怪的；转念一想，求职者好像真的只能等通知。

有一次，我为公司招聘一名销售经理，一下午就面试了一百多号人。面试结束后，我感觉头昏脑涨的，一时也不知道选谁好。最后，我确定了大概十个人，这十个人都算很优秀的。我也在想，这十个人或许谁都适合这个职位，选谁都是一念之间的事情。这时，我的手机响了，来电的是参加面试的一个女孩，她甚至不在这十个人的名单之中。她说："路先生，您好，我参加了这次面试，不管最终结果如何，希望您给我打个电话，如果不录用也说一下原因，让我下次能够做得更好。"

这个女孩没有等到"下次"，她的来电让我迅速做出了决定，我将销售经理的职位给了她，我相信一个积极主动的女孩，在销售上也能做得风生水起。其实，求职者真的可以把命运把握在自己手上，求职不该仅仅止于面试的那一刻，如果比别人更积极一点、更用心一点，没准职场已然黯淡的命运就会就此反转了。

生活中，很多人都会抱怨命运不眷顾自己，风云际会之时总认为命运由别人来掌控。可是，命运常常在我们的掌心之中，我们可以坐等命运由别人安排，也可以努力争取把握命运甚至改变命运。选择坐等还是选择努力，这不仅仅是人生态度的问题，常常还是最后决胜的关键。

香港女孩邓紫棋，有一副非常好的嗓子，是香港年轻人喜欢的女歌手。而邓紫棋之所以被人们所熟知，还是因为她曾是林宥嘉的女朋友，大咖明星女朋友的话题性比她的歌声还要吸引人。如果邓紫棋心甘情愿生活在林宥嘉的光环之下，或者仅仅满足于香港娱乐圈的影响力，她很可能永远都是个小咖女歌手。

然而，邓紫棋对歌唱事业有更大的梦想，她要爱情，更要事业上的飞跃。当第一季《我是歌手》爆红后，邓紫棋也希望参加这个节目，让内地的歌迷熟悉自己。如果邓紫棋坐等节目组找自己，或许这个等待是遥遥无期的，毕竟第一期的爆红，让许多歌手开始蠢蠢欲动。

后来，邓紫棋放下身段，向节目组毛遂自荐，还自费邀请节目组前往香港，考查自己的演唱水准。这不再是一个酒香不怕巷子深的时代，有实力还要敢秀出来别人才会关注你。节目组被邓紫棋的诚意打动，也被她堪称"铁肺歌后"的爆发力震撼，邀请她来参加《我是歌手2》，便成了顺理成章的事情。

再后来，邓紫棋凭着自己扎实的唱功，在《我是歌手2》的比赛屡获佳绩，而且微博粉丝短时间内上涨了一百多万。邓紫棋蹿红的速度让她自己很惊讶，然而粉丝们对她却有种相见恨晚的感觉。倘若邓紫棋不是毛遂自荐，恐怕不仅粉丝们无法熟悉和喜爱她，她的事业发展也没办法迅速走上快车道。

机遇不是等来的，而是我们争取来的。早起的鸟儿有虫吃，天上掉下的馅饼也只会砸中有准备的人。命运向左，还是向右，其实并非全由天注定，就像台语歌《爱拼才会赢》唱的，"三分天注定，七分靠打拼"。

如果一味地等待"天注定"，把自己的命运交给了天，那是极其不靠谱的行为，毕竟天有不测风云。然而靠自己的打拼却不一样，贫穷可以变得富有，屌丝可以变为高富帅，单身汉可以变成甜蜜的恋人一枚。每一个不折不饶的成功者，都有一段不愿认命的岁月，都是最终华丽丽地改变命运，成了最好的自己。

求职者把命运交给主考官，主考官的决定有专业性，也有随意性，不积极主动或出奇制胜，要脱颖而出并非易事。歌星如果随遇而安，就很难被更多人铭记，等待是痛苦而煎熬的，甚至会是没有结果的。许多歌星认为自己签了公司就万事大吉，可是真正懂你、爱你的还是你自己，只有你才知道你的实力在哪里、你的格局可以有多大。

让别人来左右你的人生是悲哀的，没有人会对你的梦想贴心呵护，当你把命运交到别人的手中时，你就无法预测别人会怎么对待你的前程。把命运牢牢掌握在自己手中，让自己的未来朝着自己想要的地方发展，就算这样会累、会倦、会受伤，甚至最后也不一定抵达，但是努力的人生就是无悔无憾的。

晴天心语　我的命运我做主，谁也没有办法阻止我做最好的自己。人生可以借力，行走需要相携，但是命运却注定是孤独的行走，最终只能靠自己抵达梦想的彼岸。

不走出去，就不会知道沿途的风景有多美

我认识一位失聪的女作家，她在行动上也存在障碍，可是她却格外热爱旅游。在好几次的旅游笔会中，我都见到她拄着拐杖列席，就算听不到其他作家的言谈，她也用自己的眼睛去感受风景。事后，在网上聊天时，她忍不住在群里说："这个世界真是太美了，如果不走出去，我还以为世界就是我那一百平方米的房子，房子里只有我、我的先生和我们的孩子。"

不管到了什么年纪，我们总会有着对远方的憧憬，甚至会来一趟说走就走的旅行。可以预见，在不同的城市或国度，一定生活着和我们截然不同的人，有一些不一样的事情在发生。其实，人生常常不是单调的，只是我们选择了停留，于是便失去了发现美好的机会。行走，是一种向上的态度，是一种无穷的力量，更是一种精神支柱。

我们常常选择去名胜古迹，总认为只有声名显赫的景区，才有关注和接近的价值。其实，我们不经意间路过的风景，也常常美得无法直视，或许那些风景是籍籍无名的，但是带给我们内心的冲击却是巨大的。真正懂得旅游的人，不仅会关注名山大川，也会收集身边点点滴滴的美好。最好的旅途不是最后的抵达，而是风雨兼程的过程和风雨兼程遭遇的风景，风雨冲刷过的风景才最美。

旅游会让我们变得谦卑，那些无谓的狂妄自大会被瓦解，那些世界上我们所不知的精彩，让我们不再局限于狭小的个人空间，反倒会敞开心

扉、平易近人。当我们身在旅途中，我们显然更容易忘记仇恨，忘记职场的勾心斗角，甚至忘记那个迟迟不肯原谅的自己。走出去，我们迎接的是大场面、大格局，沿途的风景像画卷一般打开，接纳的是我们的汹涌的孤独，我们的孤独在旅途中虽败犹荣。

习惯宅在家里的我们显然领略不到其中的幸福，冰冷的房间或墙壁只会锁住我们的热情，让我们一次次面对自己的颓废。其实，孤独并不可怕，可怕的是我们不愿走出去，不接受远方的花红柳绿，也不接受沿途次第开放的花朵。其实，人生没有那么复杂，外面的世界精彩或无奈，还是要出去走走看看才知道。井底之蛙只能看到井口大的世界，而自闭的我们也只能透过窗户看到一小片蓝天或水泥墙。

几年前，我们从新闻里知道，一对北京的六旬夫妇卖了房子周游世界。有人这样评价这对勇敢的夫妇："数年的旅程，他们什么也没有得到，除了幸福。"其实，幸福不在于大房子，不在于住在喧嚣的大城市，而在于与相爱的人相携而行。那些沿途扑面而来的风景，那些说着不同语言的人们，那些一直向前的日子，就是最大的幸福。

年轻人多不愿远行，不是不向往风景，而是太紧张手头的工作，高昂的房价也让很多年轻人不敢停下追赶的脚步。可是，人生是一个漫长的过程，面包总会有的，房子也总会有的，但是青春的年华却是稍纵即逝的。偶尔来一次说走就走的旅行，带上自己的家人或恋人，把千万里的山水踩在脚下，把秀美的风景收入眼底。或许你暂时没有属于自己的房子，或许你还没有升职或发达，但是沿途的风景不仅美丽了你的双眸，而且也在不知不觉中改变你的世界观。

作家邓一光写过一篇小说《怀念一个没有去过的地方》，其实我们何尝不是对没去过的地方念念不忘。或许我们一生的精力和旅痕都是有限的，我们不可能抵达每一个美丽的地方，甚至注定与一些美景一世无缘。但是，我们一次次选择出发，去尽量多的地方停留，便会有更多的风景在心底驻扎，那些唯美的风景便是我们心底的暖，是我们黑暗长夜的一点光，是我们悠长旅途里的一碗水。

每一次旅程，当我们从远方回到自己的城市，或自己那十几平方米的书房，记忆却还会久久地停留在旅途中。一年夏天，我去了一个叫春泉庄的地方，春泉庄的记忆深深植根在了我的脑海里，仿佛一闭上眼睛就回到了昨天的记忆。最美的风景总有最多的眷恋，甚至无法随时光的推移而淡化，反而在时光的递进中历久弥香。我们要感谢沿途的风景，我们要感谢远方的风景，我们也要感谢勇敢出发的自己。

在赛道上，鸣枪后不出发的运动员是懦夫；在人生的旅途中，选择裹足不前，无疑就是选择了怯弱。不出发就难以享受冲线的快乐和满足，不走出去就难以和沿途的风景接近。其实前路是荆棘满布还是鲜花灿烂，也只有我们无畏地前行，才有揭开谜底的可能。跌跌撞撞的人生也是人生，挫折也是人生中不可或缺的风景，最美的人生风景不是名利双收，而是在奋斗的路上全力以赴地冲刺和坚持。

张艾嘉的歌唱过，"走吧，走吧，人总要学会自己长大"，让我们长大的不仅是旅程，更是那些美如画面的风景。旅程艰辛，风景是最好的回馈。不走出去，就不会知道沿途的风景有多美；不敞开你的心扉，就不知道这个世界有多神奇。不要再犹豫，别再做宅男宅女，让自己的心奔向远方，让自己的眼睛收纳沿途的风景，人生没有一趟两手空空的旅程，出发便是一份沉甸甸的希望，在路上就会有纷至沓来的收获。

晴天心语　　　走出去是一种姿态，更是一种勇气，沿途的美景是一种回馈，更是人生中一种必然的相遇。

用笑容改变世界，而不是让世界改变你的笑容

我曾经在父母的庇护下生活，不知道世界除了甜还有苦。可是，那段快乐无边的日子很短暂，转眼我就不得不自己独自面对风雨、面对这个世界的美丽和丑陋了。

母亲识的字不多，但是她却告诉我，开心也是过一天，难过也是过一天，何不就开开心心地过？母亲真的就是笑眉笑眼地过着日子，我们的小家曾经危机四伏、捉襟见肘，甚至连吃年饭都凑不齐十碗菜，而十碗菜是老家过年的最低标准。可是，母亲依旧能快乐地团年，快乐地进餐，然后再快乐地和亲友们互道"新年好""恭喜发财"。

我们会看到父亲愁眉不展，却很少见到母亲黯然神伤，更别说看到她潸然落泪的情形。在人前，母亲总是一脸和气的笑容，从来都不显露一丁点的忧愁。当困难不期而至时，当家里人手忙脚乱时，母亲总是用笑容鼓励大家："办法总比困难多，我们一起来努力解决，困难自然就会跑得远远的。"

在很多困难的当口，母亲的积极乐观鼓舞了我们，当我们还在咬牙坚持时，只要转身看到她的笑容，顿时仿佛游戏里满血复活的英雄，瞬间就有了惊人的能量和力量。很多时候，不是我们快速地战胜了困难，而是困难为我们的笑容倾倒，让我们绝处逢生、柳暗花明，重新拥有了生活的动力。

　　笑对生活，笑容并不是对世界的伪装，而是我们的心还没把希望弄丢。世界是公平的，又是不公平的，或许别人的世界欢天喜地，或许我们的世界乌云密布。可是，我们可以选择笑着出发，而不是给阴雨天再去增加一星半点的泪水。泪水是沉淀在心底的负担，让我们无法轻松地前行；而笑容是插在身体上的翅膀，可以让我们自由地翱翔。

　　进入职场，每个人都希望自己能左右逢源，而不是处处碰壁或者踩到地雷上。职场成功人士告诉我们，进入职场要选择低姿态，其实这也没有什么错，骄傲的新人难免会被"拍砖"。然而，低姿态也不该是唯一的选择，我们也可以笑着进入职场，笑容是一种充满自信的高调，也可以温暖职场同事的心。

　　伸手不打笑脸人，没有人会拒绝别人的笑容，笑容是我们通往未来的敲门砖或金钥匙。当我们笑对职场时，本来一片迷茫的局面会豁然开朗，本以为要走很久的弯路，也会在某一个时间点提前结束。我们不一定是富二代，也不需要有什么后台，由内而发的笑容就是一种能量，足以让我们改变职场的格局。

　　笑容是我们向世界出示的最真实的名片，当我们和世界格格不入时，当我们想和这个世界谈谈时，笑容便可以打通种种障碍，让顺畅的交流成为一种可能。世界或许是冷的、是残酷的、是没有表情的，然而我们的笑容却有一种力量，能让世界被我们的正能量改变，最终，能让欢乐取代所有的忧愁、成功取代所有的坎坷、幸福取代所有的落寞。

　　我曾经参加过一个笔会，在笔会中遇到了一个可爱的女孩，在笔会结束后我对她一直念念不忘。我在空间里发出她的照片，有人忙不迭地为女孩点赞，也有人说女孩并不算美女。后来，我明白并不是我的审美问题，而是我的朋友们无缘看到女孩的笑容。与其说，我曾经被女孩的美貌吸引，倒不如说是她的笑容让我沉醉。

笑容是女人的第二张脸，笑容是女人最好的化妆品，甜甜的笑容让女人变得可爱，而女人是因为可爱才美丽。世界上，其实并没有丑小鸭，当丑小鸭学会了微笑，我们仿佛就看到了丑小鸭向白天鹅的嬗变。女人用笑容改变了这个世界，而不是眼睁睁让世界改变笑容，陷入生活的巨大旋涡之中。

在担任公司人力资源部负责人时，我最欣赏的是面带笑容的求职者，在竞争面前的笑容彰显着从容淡定，这是一种非常宝贵的品质。求职者的笑容不仅温暖了自己，也会让身为面试主考官的我们如沐阳光，从而在最后的选择时适当倾斜，甚至笑容成为最后成败的关键因素。反倒是那些被压力左右的人，轻易弄丢了脸上灿烂的笑容，同时也弄丢了心底的自信和执着。

我们用笑容去改变这个世界，这个世界就在我们的眉心或掌心；如果我们被世界捆绑了心灵，那么笑容就会被愁颜代替。笑容是一种积极主动的姿态，当未来还不是很明朗，当机会还不是很明确，笑对世界无疑是最基础的一课，也是不可或缺的一课。别把笑容藏起来，笑容不仅仅是一种自然的表情，更是一种从容的姿态。被世界改变了我们的笑容，是可怜和怯弱的；而用自己的笑容改变了世界，便是勇敢者最好的回馈。

晴天心语

要相信笑容的力量，虽然它不能力拔山河，但是却常常有力拔山河的效果。如果你的笑容没有被世界打败，最后你就可以战胜困难，拥有属于自己的世界。

决定你未来的不是学历，而是你的态度

我认识许多作家朋友，他们都在创作上颇有才华，而且也获得了非常惊人的成绩。可是，他们中间的许多人却没有很高的学历，甚至连大学的门槛都没迈进过。显然，学历根本不影响他们的创作，更不影响他们在读者心目中的地位，他们只是靠自己的笔，一个字一个字证明着自己。

不光是作家创作不看学历，许多职场人士的成功也与学历关系不大，而是胜在贯穿始终的认真和积极的态度。其实，学历只是一纸薄薄的文凭，学历跟学力也不能画等号。拥有过硬的学历，只能让我们在求职时获得一些先机，甚至可能让我们闯过面试这一关，获得宝贵的工作机会。

可是面试成功并不是职场成功，入职只是打开了职业生涯的一扇门，未来的日子会怎样我们不得而知。学历的作用仅限于参加面试时，当我们正式进入职场的环境后，学历的优势就不那么明显了。更多时候，更好的学历必须配备更强的实力，当失败时我们会遭遇更大的指责。由此可见，学历不仅不能决定我们的未来，甚至会让我们通往未来的路多了一些曲折。

我曾经在一家柯达快速彩色冲洗店工作，那个店开在位于武汉的某著名高校里。刚入职时，我发现店里从老板到彩扩员再到收银员，竟然是清一色的硕士研究生学历，这在全武汉市甚至全国的冲洗店，都是非常罕见的。有人统计过冲洗店从业人员的学历，平均学历不过就是高中学历，大部分店别说硕士研究生学历，就算是大学本科学历的都很少。

我当时也在想："跟一群高学历的同事在一起，我能有什么了不起的未来吗？"为了更快地融入冲洗店的环境，并且能尽快上机冲洗照片，我不仅仔细地查阅了各种资料，而且一有时间就缠着同事们问这问那。同事们也不嫌我烦，总是热心地解答我的疑问，还背着老板让我提前上机操作。

不到一个月的时间，我正式开始上机操作，冲洗一些简单的生活照。对于我的高学历同事来说，他们只是阴差阳错聚在了这样一家公司，这是一家莫名其妙的校属企业，他们注定会在不久的将来离开。而我学历略低，我就没有想那么多，而是把工作当作自己唯一的目标，希望每一天的自己都比前一天更好、更强大，所以干起活来也专注得多、投入得多。

不到一年的时间，我不仅熟练掌握了冲洗照片的技术，而且成为顾客最喜欢的技术人员。顾客们常常指定说："我的照片一定要让小路来冲洗，只有他冲洗的照片才是最好的。"我的高学历同事志向不在此，本来也是一副无所谓的姿态，但是当顾客对我的夸奖越来越多时，他们的颜面也开始挂不住了。

其实，学历只代表过去，过去了就过去了，谁也不可能躺在学历的"温床"上，就把人生的各种任务和梦想一一完成了。学历是某种程度上的起跑线，学历高可能就赢在事业的起跑线，学历低就可能在起跑时慢了几步，然而人生是一场马拉松，只有顺利地完成全程，并且获得骄人的成绩才算赢。

世界首富比尔·盖茨大学未毕业，书法大家启功初中未毕业，文学大师沈从文小学毕业，中国首富李嘉诚小学毕业，科学家爱迪生小学毕业……这些名人的学历都不高，甚至低到让人瞠目结舌的地步，可是这并不影响他们功成名就。学历并没有束缚住渴望成功的人，数十年如一日的坚持，是让人敬佩的执着和勇敢。

态度对了，那些因为学历而艰难的岁月，总有一天会彻底走到尽头。"神奇教练"米卢说，态度决定一切，凭着他的"态度论"，他一次次在世界足坛创造奇迹，甚至带着中国队创纪录地进入了世界杯。众所周知，中国队就像一个学历很低的熊孩子，一直都想冲出亚洲走向世界，可是梦想一次又一次地落空。一直以来，爱护中国队的人都说它底子薄，其实再薄的底子，只要拼命努力都能创造奇迹。米卢的神奇不仅仅在于他的训练办法，而在于他懂得态度至上是弱队翻身的秘籍，如果全力以赴地向前，抵达是早晚的事。

同学聚会时，我们总会发现比较有趣的现象，学生时代功课好的同学不一定混得好，反倒是吊儿郎当的坏学生却混得风生水起。显然，坏学生曾经的浑浑噩噩，自然是因为学习没端正态度的结果。可是，当进入竞争激烈的社会时，他们却收起了曾经的怠慢和松懈，拼了命也想融入社会大舞台，而不是继续得过且过地生活。

不管在职场，还是在商场，没有人会过多地在乎你的学历，那不过是偶尔无聊时的谈资。如果你拼命努力，全世界都会看到你的态度，没有一段努力的人生是白白投入的。你的态度就是你最好的名片，一旦坚持积极向上的态度，未来迟早会向你展开笑颜。英雄不问出处，当你抵达了成功的巅峰，在未来的空间笑傲人生时，没有人会管你念的是不是 985、211 院校，只会为你的成功点赞。

晴天心语

学历只是一段求学的过程，毕业就是某种程度的完结。与其带着耀眼的学历出发，不如带着坚持不懈的信念出发，未来会为你的态度而缤纷。

要么成为别人的榜样，要么找别人做榜样

房东的儿子小康大学毕业后，就一直宅在家里啃老，不愿意找份工作先干着。小康说了："我不是不愿意出去工作，可是我堂堂的大学生，总得找一份好点的工作。如果有事没事被人呼来喝去，我的小心脏可是受不了的。我的大学同学一毕业就当上了部门经理，难道我就不能跟他一样管上十几号人？"

可是，好工作并不是那么好找的，天上掉馅饼的事情可遇不可求。小康除了时不时羡慕一下大学同学外，好像求职一点进展也没有。小康的口头禅是："我不管干什么工作，要么就不干，干就要干成业内标杆。"可是，小康的家人免不了泼冷水："标杆也不是一日立起来的，有梦想首先要走出去、干起来，不然天天盯着混得好的同学，那可成不了别人的榜样，只能找别人做榜样了。"如此一说，就像击中了小康的要害，让小康顿时说不出话来。

接下来，我说两位文友的故事。两年前，小A已经是全国很知名的写手，虽然没有加入任何一级的作协，却已经是多家文摘杂志的签约作家，拥有数量庞大的读者群。两年前，小B的文笔还很稚嫩，别说有什么名气，就算在报刊发篇稿都难上加难。在撰稿论坛上，小B发帖说，如果有机会见到小A，一定会拜小A为师。我们都看到了小B对小A的崇拜，也从拜师中看出，其实小B也想成为小A。

　　两年过去了，小 A 依旧强大，在报刊发表文字、开专栏，畅销的小说出了一本又一本。两年过去了，小 B 不再是两年前的小 B，他的文章也开始遍地开花，连一些报刊编辑都谦卑地称呼他为"B 老师"。在杂志上，小 B 的文章紧挨着小 A 的文章，甚至在每月优秀文章的评选中，小 B 还多次超越了小 A。

　　终于，小 B 见到了小 A，在某杂志的作家笔会上，他们都是笔会的座上宾。见小 B 和小 A 相谈甚欢，有人想到了小 B 拜师的帖子，于是悄悄问小 B："后来，你真的拜小 A 为师了吗？"小 B 笑着说："后来，我想了一下，我没有必要拜小 A 为师。"小 B 确实有了进步，甚至有了名气，但是他的狂妄还是很让人吃惊的。问话的人一时语塞，小 B 笑着说："我并不是认为小 A 老师不优秀，不是值得学习的前辈。但是，小 A 老师擅长小小说，中篇、短篇、长篇小说的创作，而我愿意尝试轻松愉快的心灵鸡汤短文，我们的发展方向可以说是不太一样的。纵使我拜小 A 老师为师，以我的资质也不可能成为他，那么我就没有拜师的必要了。"可以想象，小 B 没有拜小 A 为师，他的探索之路充满了未知的黑暗。但是，成功地厘清自己的方向，拒绝拜师、拒绝盲从，反而让小 B 获得了通往成功的捷径。小 B 不断努力，终于和小 A 平起平坐，甚至在一定程度上超过了小 A。

　　显然，创作其实也是可以细分的，要么你在自己的分类中成为别人的榜样，比如像获得诺贝尔文学奖的莫言老师一样名留青史，要么你就在自己不熟悉的分类中，踩着别人的脚印紧赶慢赶，依旧做不到最好的自己。很多作家常常艰辛写作，但是却很难得到一星半点的收获，其实这根本无关文笔好不好，而只是他们错误地追赶着偶像，却忘了其实可以做最好的自己，最终让别人去敬仰自己。

　　我认识一位老板，他做什么生意都很红火。后来，我好奇地问他经营之道，他毫不隐瞒地说："我做生意从不跟风，别人做的生意我不做，我也不艳羡别人的成功。我要做就做别人不做的，而且要把别人不做的做好，做到人人都艳羡我的成功。"其实，很多成功者的成就，都源于进入了一个新的行业，甚至是开辟了一个全新行业，比如马云开启了网购新时代。

跟着别人的步伐，你顶多只能成为别人的影子，最终做不了大明星，而只是大明星的小粉丝。如果走自己的路，或者这条路是艰辛的，甚至是没有任何经验参考的，但是跌跌撞撞后的成功却是辉煌的。最后，所有的荣誉和关注都会围绕着你，曾经想找别人做榜样的自己，却可以潇洒地做别人的榜样，书写一段不一样的人生。

或许有人说，要成为别人的榜样有一点点狂妄自大，其实人生还真需要这样的狂妄自大。而且，这样的狂妄自大只是种在自己心底的信念，不是靠喊靠叫靠吼便能轻松实现的，实现梦想需要日积月累的付出，需要汗水、泪水甚至血水的挥散。但是，有梦便有希望和动力，或许今天你还只是你自己，但是明天你就有望成为更好的自己，直到有一天粉丝开始在你身边聚集，甚至达到万众瞩目的高度。

当然，人生的过程也是曲折而复杂的，或许有一段时间你做不了别人的榜样，甚至连前方的路都看不清楚，如坠迷雾。那么，选择别人做榜样也不是羞耻的事情，谁都会有一段举步维艰的时光，榜样是沿路的扶栏或手杖，会让我们有勇气走过一程坎坷，最终再曲径通幽地回归到自己的人生中。

晴天心语

谁都希望成为别人的榜样，或许这需要一段奋斗的历程，甚至要从找别人做榜样开始，然而这就是奋斗的人生，这就是人生的魅力。

如果最后只能跪着，那就用双膝奔跑

你攀登过泰山吗？你走过最陡峭的十八盘吗？你最终抵达南天门了吗？

你有心爱的人吗？你一如往昔地爱着你的爱人吗？你在泰山山顶的日出里对爱人说过"我爱你"吗？

我不知道你的回答是什么，我的回答是一长串的"不"。由于恐高，别说泰山，很多不知名的小山都让我望而生畏。而对于自己的爱人，在岁月的流逝中，在孩子的出生后，"我爱你"越来越少出口，更别说在山顶、在日出之时说"我爱你"了。

可是，在2011年5月14日这一天，失去双腿的流浪歌手陈州却第十一次攀登了泰山。没有双腿的陈州无法像别的游客一样从容行走，他的登山工具只不过是两个方形小木箱，双手分别握住一只木箱的提手，两只手在交替中前进，爬山的过程中，完全靠双臂的力量支撑起整个身体。从泰山脚下到中天门，从中天门到南天门，陈州的双臂和前胸的肌肉都拉伤了，双手上磨起的泡又不断地被压平，钻心的痛煎熬着他，也考验着他。陈州并没有气馁，也没有轻易地选择放弃，而是用他浑厚的嗓音唱起了《壮志在我胸》："嘿哟嘿嘿嘿哟嘿，管那山高水又深，嘿哟嘿嘿嘿哟嘿，也不能阻挡我奔前程……"

当然，除了陈州不停"嘿嘿"地给自己鼓劲，这一次的攀登中，还有亲爱的妻子喻磊做伴。攀登之前，陈州心底藏着一个小秘密，那就是爬到泰山山顶对妻子说"我爱你"。

十年前，陈州到江西九江卖唱，摆摊的地点是在一家服装店门前，店里有个叫喻磊的漂亮女店员。每次，喻磊都安静地听陈州唱歌，而陈州对喻磊也暗生情愫。可是，陈州想到自己残疾的身体，却不敢贸然向喻磊示爱。于是，陈州借着卖唱的机会，每天唱一些情意绵绵的情歌，希望通过情歌表达自己的爱。28 天后，陈州准备继续卖唱传情，喻磊却主动向陈州表白，并提出愿意和他一起浪迹天涯。

陈州获得了做梦都不敢想象的美妙姻缘，妻子喻磊不仅心甘情愿地陪他东奔西走，还为生了一对可爱的儿女。可以说，妻子和儿女的相伴，让失去双腿的陈州不仅没感到身体残疾带来的不便，反而过得比任何人都要滋润。当然，作为一个流浪歌手除了赚钱养家外，他依旧希望用自己独有的浪漫温暖妻子的心。

攀登到泰山山顶，对于别人来说或许是非常劳累的，对于陈州却是健康严重的透支。可以说，前十次的经验也不足以带来第十一次的成功，毕竟陈州不是一个可以正常行走的人，凭双手爬上泰山山顶实在太过艰辛。不过，套用汪国真的诗句："没有比脚更长的路，没有比人更高的山。"而陈州实实在在凭借着自己的一双手，创造了"没有比手更长的路"的奇迹。最终，陈州在 2011 年 5 月 14 日这一天爬上泰山山顶，并在次日的日出中，对妻子大声喊出了动人的"我爱你"。

陈州的爱情故事很让人感动，但是我们有理由相信，陈州获得情感的归宿和在事业上的进步，都和他有一双勤奋的手有关。有了一双比路更长的手，再遥远的幸福、再渺茫的成功，最终都会向我们热情地招手。

比起坚强乐观的陈州，我们的状况要好很多，至少我们还有一双健全的双腿，更多时候我们还可以自由奔跑。可是，我们却常常被一点点困难吓坏，甚至被击倒在地便没有了继续前行的勇气和动力。然而，我们可以被困难击倒，但是切不可被困难打败。就算我们真的要跪着，也要学会用跪着的双膝奔跑。

人生不怕慢只怕站，蜗牛战胜白兔的秘诀很简单，就算是爬得再慢，也一刻不敢停歇自己的脚步。我们站着用双腿去奔跑，如果最后只能跪着，那就用双膝奔跑，人生的进度不停，接近梦想的希望就在。没有一段人生是一帆风顺的，没有一段路是无风也无雨的。跪着也可以坚强，忍着痛，也要用双膝奔跑，困难也会被我们的执着折服。

其实，我们不必等到身处绝境时，才爆发自己的能量，每一次的挫折都是再次起航的信号，每一次的跌倒都是重新出发的理由。优秀的足球运动员丢了球，必定会奋不顾身地就地反抢，不管他是站着、躺着还是受伤倒地。中国球迷有一句口号："胜也爱你，败也爱你，不拼不爱你。"真正爱你的人看得见你的努力，不管你前行的姿态是不是最美，也不管咬牙坚持的你是不是很狼狈，你在路上，对你的支持和欣赏就在路上。

陈州可以为了爱情攀登泰山，完成近乎不可能的任务。而我们又有什么理由放弃？成功不会辜负一直奔跑的人，唯有跌倒后赖着不起身，最终才会被成功漠视。成功其实属于每一个人，不管我们的自身条件多糟，或者遇到的情况多么艰难，咬咬牙坚持下去，我们就会突破迷雾走向希望。

晴天心语　　不怕慢，只怕站，没有什么克服不了的困难，也没有什么解决不了的问题，关键是你还想不想前进，想不想在别人前面先抵达。

你能走多远，取决于你想走多远

没有比脚更长的路，没有比人更高的山。远方有多
远？或许是遥不可及的遥，或许是天涯海角的远，或
许是毕生都无法到达的高度。然而，人生如果没有最
初的念起，也就很难有最后的圆满。你想成为什么样
的人，你就会成为什么样的人，你能走多远，取决于
你想走多远。

只有回不去的过往，没有到不了的明天

年轻时，我一不小心弄丢了自己的恋人，曾经甜甜蜜蜜的恋情一去不复返。那段日子，我的心情非常灰暗，甚至连工作的激情也没有了。要好的哥们儿直截了当地问："兄弟，你每天这样霉头霉脑的，你到底想怎样？"我弱弱地说："我什么都不要，我只要她回到我身边，我们像以前一样甜甜蜜蜜。"

听我这么说，哥们儿给我讲了一个故事——

云顶禅寺有一群小沙弥和一位老态龙钟的老禅师。

大部分小沙弥每天参禅礼佛，不说过得多么喜悦，至少也是平静如一潭水。

可是，有个小沙弥却整日愁容满面，仿佛有化不开的烦恼。

老禅师忍不住问他："你为何愁？愁得又如此深，如此重？"

小沙弥忧伤地说："师傅，您还记得去年山顶的枫叶红吗？"

老禅师笑着说："去年的枫叶很美，我怎么会忘记？"

小沙弥接着说："我也忘不了，所以有一点点忧伤。"

老禅师继续说："今年的枫叶依旧很美呀，何不好好珍惜眼前的秋？"

小沙弥难过地说："今年的枫叶再美，也不再是去年的那一树；今年的秋天再美，也不再是去年的那一季。"

老禅师认真地说："人不能两次踏进同一条河流，再美的过往我们也回不去了。"

小沙弥继续难过地说："那么，人生还有什么意义呢？"

老禅师语重心长地说："回不去，却可以一路前行，没有我们到不了的明天。"

小沙弥恍然大悟："原来，希望就在我手心里。"

"你说我是那个自寻烦恼的小沙弥，可是我真的只想要她，我可不想用新欢医治情伤，我根本不打算忘掉她。"我继续苦恼地说。这时，哥们儿一本正经地说："你并不是不可以追回她，但是你追不回昨天的她，你只能去追求明天的那个她。"

就像老禅师开悟了小沙弥，哥们儿也让我顿时豁然开朗，我立即厘清了自己的思绪。我开始分析我们交往中我的问题，我到底是哪里没做好让她离我远去，能改的地方我就努力去改，争取以后做更好的自己。

当我重新追求她时，她惊喜地发现了我的转变，本来心底都还有爱意，再次牵手也就在情理之中了。昨天回不去，再怎么劳神劳力都无济于事，但是明天却是可以眺望的方向，如果我们愿意，真的没有到不了的明天。

不光是青春年少的爱情，其实世事无非都如此，没有过不去的坎，没有遥不可及的明天。就像我们家曾经穷得叮当响，甚至常常吃了上顿愁下顿，总以为这日子过不下去了，向往的幸福永远都无法抵达。可是，日子最终还是一点点好了起来，在一家人齐心协力的努力下，愁吃愁穿的日子成为过去，衣食无忧的梦想转眼就实现了。

千里之行，始于足下，我们没有办法回到过往，但是我们可以快马加鞭赶往明天。明天是未知的，明天是遥远的，然而明天却是我们唯一可以抵达的前方。如果我们心底装着过去，我们的心住在过去的黑房子里，就看不见汹涌澎湃的现在，更看不见希望满溢的明天。如果我们心底装着明天，就会放下对过去的牵绊，毕竟日子都是奔流向前的，反复回首只会频频跌跤，不断向前迟早都会抵达。

当然，并不是说一定要切断和过往的联系，但是过多地纠缠过往却无必要。过往就是过往，谁没有过往？谁不曾为过往黯然神伤过？但是不必放大对过往的眷恋。现在不是最大的坎，过往才是最大的坎，勇敢地迈过去，才能拥抱今天、追逐明天。迈不过去，就会像在赛跑中躲在树下的白兔，甚至会输给永远慢腾腾的乌龟。迈不过去，我们就看不到曙光和彩虹，只会看到长夜的黑暗和希望被掩埋的失落。

关于过往，那只是一段曾经美好的回忆，就算美得无法直视、美得心惊肉跳，过去了就过去了。过往是有一点点无情的，当你路过了想回头，当你错失了想拥有，机会的门却紧紧锁住了。可是明天却是包容大度的，永远向你敞开着欢迎的大门。你若接近，它就会向你微笑；你若奋不顾身，它就会张开手臂。

人生就像一个慢递邮件，或许我们需要很久才能遇见明天更好的自己。但是明天比过往让人振奋的是，它是可以在未来某一时刻抵达的，但是过去却是没有班机的目的地。每一段旅程都值得向往，每一次出发都值得喝彩，而对过去念念不忘，只会让行程无奈地停滞，最终跟梦想南辕北辙。

不管是身体还是灵魂，总有一个要在路上。在路上，千山万水都可以跋涉，草原或沙漠都可以穿越，疾风或骤雨都不是停步的理由，挫折或伤痛都不是轻易放弃的借口。在路上，我们无法回归，地球虽圆，我们或许可以回到起点，但是回不到昨天。而明天是一个必然的到达，只要我们不怕路程遥远，不怕黎明前绵长的漆黑的时光，我们就可以拥有阳光灿烂的新一天——梦寐以求的明天。

晴天心语

过往只是一段无法改写的历史，明天却是可以主宰或创造的未来，与其躺在对历史的绵长思念之中，不如主动奔向明媚的未来。

你决定成为什么人，你就会成为什么人

　　我算是一个非常热爱阅读的孩子，从小学到高中大部分早餐钱，都送给小镇的报刊亭和新华书店了。最初，我宁愿饿着肚子也要买书买报看，其实当时我并没有写作的打算，只是对阅读有着浓厚的兴趣。

　　读高一那年，我从学校带回一份本市的日报，还跟邻居小千吹牛说："总有一天，我的文章也要登在日报上，让全市人民都看到。"小千的妈妈听到我们的对话，不以为然地说："日报是那么好上的吗？我看你一辈子也别做这个梦。"我当时有一点点难堪，又有一点点不服气："我凭什么不能成为日报的作者？我偏要成为日报的作者，让不相信我的人好好看一看。"当然，这是我心底的声音，当时我还没有顶撞长辈的胆量。

　　我不想故弄玄虚，或者编一个屡战屡败、屡败屡战的创作的故事。我给日报投的第一篇稿子，两周后就顺利地见报了，那也算是我真正意义上的处女作。当然，我没有勇气拿着报纸去见邻居的阿姨，反倒是小千把报纸带回了家，带给了之前否定我的他的妈妈。第二天，小千的妈妈主动来找我，摸着我的头、拍着我的肩膀说："小伙子，阿姨小瞧你了，阿姨支持你追求更大的文字梦想，成为一名地地道道的作家。"

　　生活是有趣的，一个曾经看扁你的人反倒成了给你加油打气的人。而我也不得不说，是小千妈妈的鼓励，让我只是星星之火的文学梦，顿时有了燎原之势。我知道，成为一名作家，需要发表很多作品，这些作品不能肤浅，要有深度，而且还需要出版属于自己的专著，甚至加入各级作家协会。这个过程显然不是一蹴而就的，不会像发表处女作那样顺遂，但是想当作家的强烈心愿，让我找到了力量的源泉，我甚至相信自己一定能成为作家。

我此后的文章发表并不是太顺利，写得多发表得少，特别是在日报以外的报刊，我的文章"见光率"非常低。差不多10年过去了，我的创作量很大，但是文字变成铅字的机会还是有限的。我在一家比较清闲的公司上班，当别的同事闲暇之时聊天吹牛，我却翻看着自己买来的报刊，或者修改此前写好的作品。有个女同事看不惯我："整天痴迷文字能有啥出息，发几篇文章就想当作家还是省省吧，我以前在大学的校刊也发过稿子、拿过稿费，还不是一样放弃了文学梦。"

这个时候，我甚至连挫败感都没有，我是一个奔向作家梦想的人，岂能因别人的小看就气馁？后来，我发表的作品越来越多，不光大陆的每个省份都有作品发表，还有大量文字发表在港澳台或国外的媒体上，几本个人专著也先后公费出版，我还成为本市和本省两级作家协会会员，参加了许多重量级的作家会议。我突然想到曾经在杂志上读到的一句话：你决定成为什么人，你就会成为什么人。

我决定成为一个作家，我真的就成了作家，这好像是有一点点神奇的事情。然而在神奇的背后，在偶然之中藏着一种必然，人生的走向也会被我们的意志影响。当我们满心都是作家的梦想，当我们将文字当成最大的宗教时，人生仿佛就在字里行间蜿蜒，最终作家的梦想不经意间就实现了。

人生是一条奔涌向前的河流，河流的去向仿佛无迹可寻，其实梦想就是一种力量，推动河流进入更大的水域。如果河流不向往大江和大海，那么它可能会轻易地搁浅或靠岸，甚至最终的流向也被彻底切断。只要心向大江，只有胸怀大海，总有一次出发可以抵达，总有一个梦想在坚守后会有所收获。

有时候，我们希望做更好的自己，不一定是事业上的成功，或许只是性格上的转变。我们不希望自己做坏脾气的人，在情绪来临的时候，我们会试着深呼吸，或者离开冲突现场，喝一杯咖啡或者抽一支烟。脾气不会跟你一辈子，跟你一辈子的是你的思维，你能控制坏脾气你就是好脾气的人，你放任坏脾气你就只好继续当火药桶。

我们希望做一个对女友温柔的人，或者是一个常回家看看的儿子，当我们把女友和父母放在心底时，当我们想着做一个堂堂正正的好人时，一些坏的念头就会被压抑或克制。"你决定做什么人"，当心开始意识一种或难或易的转变，希望就会在不知不觉中产生。踩着希望向前走，最终就会成为自己想做的那个人。

当拳头高举时，你就会成为一个强悍的人，一个让别人惧怕又厌倦的人。可是，当你嘴角向上扬起，决定用微笑面对世界，希望变成一个逗人喜欢的快乐的人时，你转眼就会获得别人的认可和好感。其实，想变成一个更好的自己，并不是可望不可及的事情，只是我们没有及时觉醒，没有改变世界、改变自己的决心。

晴天心语

人生就像禅，也有因果般的脉络，如果没有最初的念起，也就很难有最后的圆满。你的决定就是出发的号角，最终你的抵达会变得自然而然，甚至没有丝毫勉强的痕迹。

相信你自己，你配得上这样的阳光

这是十年前，我还在彩扩店做彩扩员时的故事——

同事们告诉我，顾教授是咱们彩扩店的老顾客，她是个特别挑剔、特别难缠的顾客。顾教授进店来冲洗照片时，个个彩扩员都少了一份主动和热情。道理很简单，为顾教授服务工作效率低，而且废品率又非常高；而废品率超过一定比例，彩扩员可是要被扣工资和奖金的。

可是，顾教授来了，没人敢把她赶出去，如果顾教授点了谁来冲洗照片，这个彩扩员就得硬着头皮上。由于我还是个新手彩扩员，更多时候我只是打下手的角色，要不就耐心地看其他彩扩员为顾教授工作。看着为顾教授冲洗照片的彩扩员，他脸上虽然是热忱的笑容、耐心的态度，其实身体却在焦躁地扭来扭去，我偶尔也有想笑的念头。

当然，顾教授学问高，人自然不笨，她也觉察到了彩扩员的不耐烦。一天，顾教授一进门，就指着我说："嗨，小伙子，今天你来帮我冲洗照片。"我小心翼翼地说："不好意思，顾教授，我还是个新手彩扩员，恐怕冲洗不好您的照片。"顾教授笑着说："年轻人，别怕，照片虽然有许多专业的要求，但是只要多用心也难不倒你。"我还在犹豫，其他彩扩员也开始起哄："小路，相信自己，没什么比自信更强大的力量了。"

其实，不管我自信还是不自信，我都被推到了彩扩机的面前。我有些忐忑，我不知道自己会冲洗出怎样的照片，我甚至开始担心月底的工资和奖金能剩多少。在冲洗照片之前，顾教授耐心地向我交代了她对照片冲洗的要求，并且解释如此要求的真实原因是什么。顾教授慢慢地说，我认真地听，生怕漏掉了任何一个字。顾教授逗趣地说："小路，别紧张，像我，也是由学生变成教授的，所有的成长和进步都是水到渠成的。"

坦白说，初为顾教授冲洗照片时，我紧张得额头和手心都是汗。可是，慢慢地，我进入了工作状态，也就没有那么紧张了。不管顾教授对照片有什么要求，绕来绕去还是和彩扩技术有关，只要静下心来慢慢地处理，其实也没有想象中的那么难。前几次的合作，我给顾教授冲洗的照片她都很满意，而我冲洗过程中的废片率，也低于平时彩扩的平均值。我忍不住对顾教授说："听您的，真没错！"顾教授却温和地说："相信自己，才是根本。"

往后的日子里，顾教授的照片都交给我来冲洗，甚至在我休假的日子，顾教授宁愿耐心地等我上班。而顾教授有许多同事对冲洗照片有较高的要求，也被顾教授介绍给了我。在工作中，困难是讨人厌的拦路虎，但是克服困难也是一种成长，能让我们在职场中迅速脱颖而出。没多久，我的工资和奖金竟然超过了元老级的彩扩员，增长速度之快令我和其他彩扩员都很吃惊。

人在职场，总希望等来成功的那片明媚，可是明媚有时候近在咫尺，有时候像蓝天白云般遥不可及，或许最终抵达有一千种方式，然而，相信自己却是必不可少的素质。相信自己，能让自己的心底聚集一种能量，这种能量能让我们走得更有力更远。相信自己，就可以拥有跟阳光一样美好的明媚。

我时不时也会参加拍客的活动，别人用的都是高尖端的单反，我用的不过是简单的卡片机。可是，在活动中我也不甘落于人后，当别人走向草原或大海时，当别人徒步行走或者攀登悬崖时，我也会不松懈地坚持再坚持，手中的卡片机也会忙不停。或许我的装备差了点，但是我的拍摄效果还过得去，甚至还多次被点赞。

一次，我和一群摄影师登上了山顶。会当凌绝顶，一览众山小。在山顶的感觉特别好，风是那么暖，阳光也是那么暖，我甚至能感受得到自己脸上的笑容也是暖的。这时，我看到摄影师望江老师也在小憩，便过去跟他说："接受举办方的邀请，跟这么多摄影大师同行，我真是又幸运又惭愧啊！"

望江老师眯着眼睛，享受着阳光的抚摸，我甚至以为他睡着了。可是，当我迟疑了几分钟，准备离开望江老师身边时，他淡淡地说："相信你自己，难道你配不上这样的明媚阳光吗？"听望江老师这么一说，我顿时觉得自己心里的压力没了，大片大片的阳光是最美好的拥有，远山还有若隐若现的村庄或城市，都是理所当然的风景和收获。

我开始为自己的迟疑而惭愧，我开始为自己的自卑而遗憾，我更为自己的不自信而悲哀。其实，我们常常看不见现实背后的自己，那个真实的自己其实是强大的，可以承担更多的责任，可以抵挡更多的风霜雨雪，也能创造更大的丰功伟业。只是，我们常常忽视了自己，妄自菲薄地认为别人更好，甚至心甘情愿地低到尘埃里，不敢随意呼唤，不敢大口呼吸。

相信自己，相信自己配得上这样的阳光，才能自在地享受本来属于自己的灿烂，而不是继续躲在巨大的黑暗之中。

晴天心语　　什么东西别人都可以给你，但是自信除外。当你拥有了宝贵的自信，不光配得上明媚的阳光，也配得上其他美好和辉煌。

时间就像一张网，你撒在哪里，收获就在哪里

　　我认识一位作家，她写了许多好看的文章，出了很多好看的书籍，还有小说被拍成电视剧。后来，我和这位作家有了更多的交往，于是也有了更多交流的机会。我难以免俗地问她："请问你成功的秘诀是什么？"她没有抵触我的问题，哪怕这个简单的问题，或许已经被问过几百、几千次。

　　她跟我说："以前，我在一间服装厂做女工，每天工作接近二十个小时。那个时候，我除了睡觉、吃饭就是在工作，忙得天昏地暗的，像停不了的陀螺，那种疲劳的感觉重重包裹着我。可别说，我日日都高强度地工作着，我面前的缝纫机马不停蹄，而我的裁缝技术也越来越好。每当做出工艺精湛的服装后，我甚至常常被自己的技术吓到。"

　　她接着说："很快，我想明白一件事，时间就像一张网，你撒在哪里，收获就在哪里。一个立志减肥的人，把时间都用到健身房，用到不停歇的健身中，那么瘦身成功也就不难理解了。一个立志要成为体操运动员的孩子，把所有的时间都用在训练上，他在体操上就会有所建树甚至获得荣誉。当我把所有的时间都留给了工作，我的工作干得出色也就不足为奇了。"

　　她继续说："后来，我厌倦了服装厂的工作，也不再想跑来跑去地求职。想到自己学生时代爱好写作，我开始憧憬当一名自由撰稿人。别人都告诉我写作不易，靠写作吃饭那更是天方夜谭。可是，我告诉自己，我手

上有大把的时间，我就不信通过努力不能战胜困难。从服装厂辞职后，我就一门心思地投入写作，每天我不是在创作新的作品，就是在阅读各种文学书籍，或者听一些大师的各种讲座。创作之初，我果断地卸载了电脑里的QQ，不给自己留聊天和放松的时间，像一架全力以赴的战斗机，我一刻都不让自己停下来。虽然我也彷徨犹豫了一段时间，但是慢慢地我的作品开始发表，稿费也慢慢地由少变多。我想我成功的秘诀很简单，那就是将所有的时间都放在一处，别的作家写作的时间我在写作，别的作家旅游观光的时间我在写作，别的作家打麻将聚会吹牛的时间我还是在写作。上天就像一个善解人意的天使，她不会漠视一个勤奋的人，不会漠视一个珍惜时间的人。"

由此可见，没有比时间更宝贵的财富，没有比时间更强悍的战车，时间具备强大的生命力和震撼力。时间像种子，时间像水、风和阳光，在时间的陪伴下，我们会收获幸福、快乐和财富，哪怕收获的只是一小片绿叶或红花，那也是时间最美丽的馈赠。时间是神奇的，当我们珍视时间时，时间就不会无视我们。时间到了哪里，哪里就有了希望，时间胜过了任何种子，时间甚至是所向无敌的。

更多时候，我们是思想上的巨人，行动上的侏儒。我们想走向天涯海角，或者潇洒地周游列国，可是我们却迟迟不愿意出发，旅游的梦想最终只能遗憾地搁浅。其实，我们没办法抵达，没办法收获更多的人生的喜悦，只是因为我们不肯付出时间，我们任性地蹉跎着光阴，却不知道时光是应该拿去播撒的。时光只要播撒出去了就播撒了希望，许多看似无法完成的任务，也会在时间的推进中完成。

生活在鱼米之乡，亲见了一些乡亲打鱼的场面：细细密密的渔网撒下去，等待足够长的时间后，只须将渔网一一捞起来，渔网里便是大大小小的各种各样的鱼。渔网撒下去，鱼儿就争相入网了，这看上去有一些神奇。其实，无非鱼米之乡的湖水和水草吸引了鱼儿，在鱼儿活跃的水域打鱼自然就手到擒来了。当然，光有渔网还是没办法丰收的，还需要足够的时间投入。比渔网更重要的是时间，时间足够长，那些水面之下的鱼儿才会误打误撞进入渔网的包围之中。渔网撒在哪里，都会打捞起新鲜肥美的鱼儿，这是鱼米之乡的回馈，这也是付出时间后的收获。

　　时间是我们最大的财富，时间又是我们可以自主支配的，为了人生的某一个或大或小的目标，我们应该勇敢地把时间撒出去。如果人生是一种经营，那么时间就是我们最好的投资，时间看上去是无价的，其实又是弥足珍贵的。一个舍得投入时间的人，最终会克服很多很多的困难，实现一些曾经看似遥远的目标和梦想。

晴天心语　时间是神奇的，时间是一个播种的过程，不在春天播种怎能指望秋天收获？时间对我们是有耐心的，但我们不要挥霍了时间，还有时间所蕴含的一切可能。

如果没有伞，你就要努力奔跑

曾经去采访一个经济困难的家庭，男主人因建筑事故造成瘫痪，女主人也患上了奇怪的病症。家里才八岁的小女孩上山拾柴、洗衣做饭甚至打零工，俨然成了家里的顶梁柱。想想那些同龄的孩子，大部分还躲在父母怀里撒娇，要他们做家务还得用奖励诱惑呢。可是，穷人家的孩子早当家，当父母的庇护缺席时，他们就学会了坚强，学会了快速地奔跑和成长。

人生就是这样，有的人在悠闲地漫步，有的人却不得不奔跑。突遇一场雨，有伞的人希望雨下得大一些，看雨、听雨、赏雨都是一件奇妙的事情。可是，没有伞的你不敢太潇洒，要不然淅淅沥沥的雨，转眼就能把你变成落汤鸡。或许有人喜欢在细雨中漫步，却没人喜欢被雨浇得透心凉的滋味，雨中的狼狈让人抗拒。

大雨倾盆，你的抱怨不可能让雨变得小一些，你的抱怨不可能让你得到一把伞。如果没有伞，你就要努力地奔跑，跑到没有雨的屋檐下，或者回到风雨不侵的家中。如果没有伞，你还要犹豫，还要彷徨，但是雨不会犹豫、不会彷徨，被雨淋湿后的凉意，会让你冻得直打哆嗦。

生活是现实的，生活是残酷的，生活催促着我们努力奔跑。可是，就像大雨之中没有伞，很多人却依旧迟迟不愿努力奔跑；生活中总有一些人，任凭自己深陷在比大雨还要糟糕的状况中。当大雨来临，当挫折来临，当乱如麻的状况来临，如果你没有快速脱离的想法，那么你就只能遗憾地深陷其中。

很多时候，我们没有走出窘境，并不是因为窘境不可战胜，只是我们缺乏快速前进的想法和动力。宁愿遭遇大雨袭击的痛苦，也不愿意加快行走的速度，这不仅仅是一种懒惰，更是一种彻彻底底的愚蠢。愚蠢的人总会更久地留在窘境之中，却不知道脱离窘境只能靠自己，靠自己比别人更积极主动地奔跑。

郭敬明是年轻读者非常喜爱的作家。在一次访谈中，他说："我并不觉得自己比别的年轻人优秀和出色，为了事业，我每天只睡四五个小时，没有时间陪父母看电视和旅游，甚至从来没有享受假期的机会。"显然，在郭敬明看来自己就像雨中没有伞的路人，为了在创作上取得更大的成就，他只能比别人更勤奋、更努力，这样才能获得自己想要的成绩。

说到我自己，我曾经是一个没参加过高考更没念过大学的年轻人，但是我心底却做着文学梦。我想我自己要获得文学上的成就，无非是更多地投入到阅读和写作中，希望通过比别人更加努力，让自己获得一些成绩。在紧张的工作之余，同事们在逛街、聚会或打麻将，而我总是把自己关在房间里看书，或者将一些所思所想写进自己的文字里。很多时候，为了将一篇散文或小说写好，我甚至宁愿晚睡或通宵达旦地写。而且，为了让自己的作品更完美，我总是不厌其烦地找文朋诗友帮我提意见，而我则一次又一次地修改，付出了非常多的心血。

有朋友说："写作是一件快乐的事情，可是你却俨然是个苦行僧，你为什么要比别人辛苦那么多？"我笑着说："我就像雨中没有伞的小孩，如果我没有不停地奔跑，我又怎么能走出这场雨。我的努力无非是想跑得快一点，更快地脱离困难的局面而已。"

伞，可以是雨天我们头顶的雨伞；伞，也可以是我们人生的保护伞。

可是，雨伞常常有，保护伞却不常常有，更多时候，我们只是芸芸众生中的一员，我们不是官二代或高富帅，我们没有好的家境做背景，也没有强大的后援团。简而言之，在激烈的社会竞争之中，我们只有自己，只有自己的一双腿，没有人能替我们排忧解难，没有人能替我们出发和抵达。我们只有忘记那不可得的头顶的一把伞，用不停歇地奔跑去追赶或超越，去迎接未来的辉煌和灿烂。

没有人会笑话一个没有雨伞的路人，但是甘愿在雨中淋湿也不奔跑，便是名副其实的大笑料了。迎着风雨奔跑，你就是迎着阳光的向日葵；迎着风雨奔跑，你就是绿叶上的晨露，你就是红花上的芬芳，你就是草丛上的晴天，你就是湖面上的白天鹅。没有走不出的一场雨，只有不愿意走出去的人，没有伞不会让我们陷入绝境，没有伞还不奔跑，才会让我们无法脱离绝境。

下雨了，你还不走；危险来了，你还不走。很多时候，我们无法等到援兵，也无法等到雨过天晴，风雨不请自来，说走却不走。人生不可以赖着不走，困难不会成为我们的港湾，很傻很天真地滞留，倒不如坚决地说走就走，总有一刻你会走出风雨，走进另一片绚烂的阳光。

○晴天心语　　没有伞就奔跑吧，没有背景就努力吧，没有希望就争取希望吧！笨鸟先飞也可以最早抵达，没有伞的人也可以最早回家，没有背景的人也可以获得更大的成就，没有希望的人最终也能收获最大的希望。

只要勇敢一点，一切都没有你想象的那么难

编辑部出品的时尚生活类杂志有了不错的销量，在各个城市的地铁、校园或家庭里，有着庞大的忠实读者群。在保持时尚生活类杂志良好发展势头的同时，老总决定再出一本针对成熟女性的文摘杂志。

眼前，迫在眉睫的是寻找新杂志的主编，老总有意在原有的编辑团队中寻找人选。说到新杂志主编的位置，虽然有杂志创办失败的职业风险，但是能另立门户拥有自主权，还是很有吸引力的。编辑部有六位编辑，资深主编老刘，超过五年"工龄"的大李、杨姐和文子，还有入职时间不到一年的小赛和小坤。按大家不谋而合的猜测，老刘不会轻易"挪窝"，新杂志的主编很可能在大李、杨姐和文子中产生。传言归传言，三位候选人都很低调，并没有很明显的动作。

老总任命新杂志主编的日期越来越近了，办公室里顿时有了一种微妙的气氛，好像每个人都在默默较劲，又好像个个都无所谓的样子。当老总嘴里吐出"小坤"这个名字时，空气顿时凝固了，被意外击中的大家半天才回过神来。原来，刚过试用期的小坤拿出了完整的新杂志办刊计划，而且对主编的位置也表达了热切的向往。由于没有其他人主动自荐，更没有人对文摘杂志提出自己的看法，老总"不拘一格降人才"——将主编的位置交给了年轻的小坤。

会后，老刘找小坤聊天："小伙子，不错，和我这头'老牛'平起平

坐了。我就奇怪了，你一个新人争取新刊主编的位置，就没被这么大的难度系数吓倒吗？"小坤笑着说："其实，很多时候，难度系数被我们无限放大了，事实上难度可能并没那么大。"

小坤说到自己学习英语的经历："和许许多多年轻人一样，我对学习英语有着莫名的恐惧，高考时甚至被英语拉低了总分，最终念了一个不怎么好的大学。后来，我和许多同窗一样，选择了风靡一时的疯狂英语，还多次听了李阳热情洋溢的现场演讲。有一次，李阳老师说，外国人都能学会我们艰深的方块字，我们没有理由学不会洋人的二十六个字母。听李阳这样说的时候，讲台下的学员并没有被激励，心底的畏惧依旧在膨胀。"

小坤接着说："当李阳看到自己的激励没有作用时，他开始给大家讲在兰州大学的象牙塔生活。大学时代的李阳并不像现在这样耀眼，一米八二的他甚至非常平凡和普通。当时，兰州大学有一个非常漂亮的女孩，不仅歌唱得好、舞跳得棒，还是省模特队的队员。女孩被校园里的男生推举为'校花'，暗恋她的男生比爱吃拉面的人还多。李阳对女孩也动了'凡心'，当他实施自己的追求大计时，本以为竞争对手多如牛毛，没想到，只是一封热情洋溢的情书，加上一束鲜艳的玫瑰花，校花便成了李阳的女朋友。当李阳说'丑男抱美女'时，学员们都会心一笑，对英语的恐惧感顿时减少了许多。"小坤说得在理，老刘欣赏地拍了拍他的肩膀。

"蜀道之难，难于上青天"，人们总是习惯将办成一件事的难度系数放大。当难度系数被放大后，也就容易滋生畏手畏尾、无所事事的习性，而那些貌似很难、其实不难解决的难题，便真的没有解决的希望了。

显然，在难题面前，我们缺乏的是面对难题的勇气，从而也就失去解决难题的耐心了。明知山有虎，偏向虎山行，困难确实是存在的，但是办法总比困难多。只要我们有了攻克困难的决心，从容不迫地面对困难、分析困难、解决困难，其实也就水到渠成了。困难或许是客观存在的，但是难度系数却并非如我们所想；或许困难只是一张纸的厚度，轻轻一捅光明就会适时出现。

我的一位作家朋友双手残疾，为了坚持文学梦想，他竟然想到用嘴巴咬住筷子，然后用筷子敲击键盘写作。在别人看来，写作本来就非常辛苦，还要用这样的方式创作，难度之大实在难以想象。可是，这位作家朋友为了逐梦，愣是年复一年地坚持着。他还告诉我们，用筷子打字虽然难、虽然累，但是习惯了，也没想象中那么难、那么累了。

没有无法战胜的困难，只有不战而降的人；没有无法抵达的目标，只有早早退场的逃兵；没有无法看到的希望，只有被灰心打败后的绝望。面对困难，走在最前面的不是脚步，而是不怕困难的那份勇敢。你若不勇敢，没有人能替你坚强；你若不勇敢，困难不会投降；你若不勇敢，小问题会变成大麻烦。勇敢是一份精神、一种气魄，更是解决问题的捷径。如果困难是小伤口，勇敢就是创可贴；如果困难是大伤口，勇敢就是云南白药。

勇敢一点吧，让困难露出真实的模样！

晴天心语　不要放大你的困难，也不要小瞧你的勇敢，勇敢跟困难扳手劲赢的总是勇敢，如果勇敢悄悄地隐藏了起来，困难就会让我们方寸大乱。

自信就是不断尝试、不断失败后结出的果实

刚去彩扩店工作时，我完全是影像业的门外汉，面对彩扩机束手无策，当然老板也不允许我提前上机操作。可是，最好的提高无疑是上机操作，我开始想办法瞒着老板上机。那些老同事也巴不得我早点上机，如果我能在最快的时间上手，也可以分担他们的工作量。

新手提前上机，自然需要不断尝试的过程，而尝试的代价是废片一堆。老板对彩扩员的废片率是有要求的，如果超过了废片率的上限，这些废片就需要彩扩员"埋单"了。成熟的彩扩员超出废片率的机会不大，基本上不会遭遇扣工资的情况。可是，从零开始的我却状况不断，每天都会"冒"出一堆废片。到了月底，扣掉一部分工资后，甚至连吃饭的钱都不够，我只好向家里求援。

可是，废片成堆的日子并没有持续多久，由于我是实打实地上机操作，对彩扩流程很快就烂熟于心了。第二个月，我的废片率迅速下降，而且这还是在我的上机时间猛增的情况下。而老板见我的技术也还过得去，也就不再理会"新人三个月不得上机操作"的店规了。所谓熟能生巧，失败是成功之母，我快速地成为一名合格的彩扩员。后来，遇到一些高要求的彩扩任务，同事们不自觉地逃避或躲闪，我却总是自告奋勇地主动承担。

后来，同事跟我说："高要求的彩扩任务，很可能产生大量的废片，

你何必明知山有虎偏向虎山行呢？"我笑着说："我相信自己可以完成，不断尝试、不断失败给了我自信，让我不仅有勇气承担尝试中的失败，更让我知道如何规避不必要的失败。"其实，从不自信到自信，有着一条非常鲜明的轨迹，那就是在进取中失败，又在失败中进取，反反复复地跌倒，最终得以骄傲地成长并成熟起来。

其实，我并不觉得自己拥有很大的自信，倒是我的邻居姑娘冷杉更信心满满。冷杉刚大学毕业时开始求职，许多好的工作机会她都不要，竟然进了一家保险公司做业务员。我忍不住提醒她说："做保险业务员，有看不完的冷眼、听不完的冷语，还有吃不完的闭门羹，你一个小姑娘能受得了那么多委屈吗？有别的工作机会不要，却偏要去做保险业务员，你觉得你的委屈值得吗？"

冷杉一本正经地说："我没有尝过成功的滋味，最起码也要尝尝失败的滋味，这就是我的青春不可回避的过程。"后来，我每天看着冷杉进进出出，有时脸上明媚，有时脸上忧愁、落寞和烦躁。不难想象，冷杉的工作并不顺利，人们对保险，特别是对保险业务员，还是有着本能的抵触和抗拒的。我在想，年纪轻轻的冷杉会不会放弃，毕竟保险业不是她唯一的选择，她可以选择一份压力更小的工作。

然而，冷杉并没有放弃做保险业务员，虽然她每天回家时情绪都很低落，但是第二天便会满血复活，继续斗志昂扬地开始新一天的工作。冷杉告诉我："为了见客户，我常常从东城到西城，不知道每天走了多少路，也不知道爬了多少层楼，我说了很多很多话，赔了很多很多笑脸，最后等来都是'抱歉，我不需要。'"我忍不住安慰她："实在不行就算了，何必在一棵树上吊死，你还可以拥抱整片森林。"

这时，冷杉又说："我觉得不断尝试、不断失败是一件幸福的事情。

我相信在尝试和失败的尽头，一定躲着我梦寐以求的成功。"她的幸福论有一点点突兀，然而尝试和失败正是让人变得自信的基础。或者说自信是不断尝试、不断失败后结出的果实。或许，当我们开始变得自信时，成功还离我们有一段不短的距离。但是，当自信占据了我们的心灵，再远的路、再宽的河、再多的障碍，最终都会被穿越，然后抵达终点。

没多久，冷杉就陆续开始接到一些单子，她进进出出风风火火，忧郁很少爬上她的脸庞。一次，我笑着跟冷杉说："比起刚上班时，你现在自信多了，你的自信让人相信，你可以配得上更多的成就。"冷杉非常认真地说："不是成功让我变得自信，而是失败让我变得相信自己，失败的尽头一定是成功，在失败的尝试中获得的经验，会像肥料滋润庄稼一样，让我的心不再惊慌，从容淡定。"

很多年轻人害怕尝试、厌倦失败，常常在尝试和失败后，开始对自己的未来产生怀疑。与怀疑结伴的自然是内心的不自信，不相信自己还可以继续走下去，不相信前面还有更美好的未来，不相信自己便是未来的开创者和主导者。不自信，让所有的尝试都付诸东流；不自信，让所有的失败变成痛苦的记忆。

人生的履历都是营养，任何一段经历都是有价值的，不完美的尝试、不期而至的失败，会让我们在挫折中冷静思考，并获得走向成功的勇气和办法。珍惜每一次尝试，珍惜每一次失败，并不是刻意拥抱挫折，而是让我们建立强大的自信，最终在自信的引领下，抵达最初的目标，成就最后的梦想。

晴天心语

成功的果实是硕大而甜美的，但失败的果实也不是青涩的，没有比自信更强大的策动力，有自信我们就不惧失败，也不用担心成功太远，自信会让我们最终抵达，让我们用所有的失败换回一个美好的明天。

开花也许不会结果，但不开花肯定不会结果

　　我的家乡是体操之乡，曾经涌现出李小双、杨威、郑李辉等体操世界冠军。冠军的影响力是巨大的，家乡就此多了许多做体操梦的家长和孩子们。很多家长在孩子五六岁的时候，就将孩子送到当地的体操学校，希望通过刻苦的训练，孩子能成为像李小双、杨威、郑李辉那样的世界冠军。

　　我曾经参观过体操学校，看过孩子们刻苦的训练，那种苦甚至是连成年人都难以承受的。我问过一些家长："孩子那么小，练体操那么苦，你们为什么舍得把孩子送来？"一位家长非常诚恳地说："或许我的孩子不一定能够成为世界冠军，但是如果还没努力就放弃，那连梦也别做了，只要努力过、争取过就算没有结果，至少也会像花儿灿烂地开了一季。"

　　那一年，在那家相片冲洗店干了足足七年的我，从彩扩的门外汉"升格"为首席彩扩师。和许多成熟的职场人士一样，我开始思考自己未来的职业方向。显然，我需要更多的机会、更好的平台来完善和充实自己的人生。

　　没多久，老板有了开分店的计划，准备在店内物色分店负责人。由于我出众的能力和过硬的资历，老板毫无悬念地选派我负责分店。分店设置在刚建成的大学城中，只有少数几个大学的分校区在"试运行"，更多校区还只是一个即将启动的工地。

　　稀薄的人流量导致分店生意惨淡，很多时候，我和我的店员不过是在晒太阳、喝茶水和看报纸。要问生意有多糟，可以说，已经糟到利润不足

以支付房租和工资了。可是，老板坚持认为，好的市场是守出来的，更美好的未来一定会来到。而老板对我的要求，除了坚持就是坚持，还承诺不管生意好与坏，我的待遇都不会受影响。

按说，没有业绩压力应该很轻松，但是生意差到让我感觉自己在蹉跎岁月。有很多次，我都想放弃对分店的坚守，如果老板还一味地强留，我就选择辞职算了。那个时候，我认识了某大学中文系的一位女老师惠子，惠子很快成为我无话不说的朋友。得知我的烦恼后，她说了一句很有哲理的话："向日葵看不到太阳也会开放，生活看不到希望也要坚持。"

我知道，惠子家有一盆向日葵，为了求证她说的话的真实性，我特地去观察了向日葵的生长习性。书本上都说，向日葵是围着太阳转的，没有太阳，向日葵也不会开放了。可是，惠子家的向日葵热烈地开放着，甚至在太阳被前面的建筑物完全遮挡时，也丝毫不会耷拉它美丽的花瓣。准确地说，一天的时间里，向日葵有四五个小时"看不到太阳"时也是在开放的。

当时，我想到了另一句话：有些事情不是看到希望才去坚持，而是坚持了才会看到希望。在我们的人生路上，开花或许不一定能结出满树的果实，但是如果连花都没好好地开过，就更不要指望果实高挂了。要做就做一棵开花的树，至于结不结果等到秋天自然会见分晓；如果连开花的信念都没有，我们又有什么底气等待秋天呢？

很多时候，我们不愿意轻易地出发，就像一棵树不愿意在春天时不好好开一次花，却盼望在遥远的秋天结一树果。人生的脉络就像一棵树的生长，从开花到结果是一个美丽的过程。春天时，树会张开怀抱，吸取风、雨和阳光，让开花的季节可以绽放一抹艳丽。如果懈怠了开花的过程，就像一条线索被割断，不开花的结局只会是不结果。

　　身在职场，我们总会有这样那样的想法，可是如果把所有的想法都留在初级阶段，不愿意为这些想法努力奋斗，那么不曾出发又怎能期望抵达？天涯再远，都会输给我们的步伐；海角再遥，都会输给帆船不停歇的进度；而结果的日子就算再遥不可及，开花的过程至少能让我们一点点走向秋天。

晴天心语　　谁都盼望硕果累累的秋天，却不是谁都在乎春天的花开，懈怠了春天就会被秋天懈怠。若要不想日后追悔曾经的懈怠，那就从现在开始全力以赴地投入。

只要不放弃，梦想就会一直在原地等你

　　静下来想想我们的未来：50 岁，半百之年的我们开始倒数，期待退休时刻快点到来；60 岁，花甲之年的我们没了工作负担，游山玩水成为我们晚年的乐趣；70 岁，古稀之年的我们步履蹒跚，坐在摇椅上回忆着光辉或平凡的往昔岁月。

　　再看看葡萄牙作家萨拉马戈的人生经历：50 岁，25 岁出版第一本小说未获成功的他，时隔二十几年重新开始笔耕不辍的生活；60 岁，他才凭借以 18 世纪的宗教审判隐喻葡萄牙后独裁时代的小说《修道院纪事》成名；而以作品《失明症漫记》获得诺贝尔文学奖时，他已经76 岁高龄了。

　　25 岁到 50 岁，这应该是一个作家思想活跃、文笔日臻成熟的阶段，也是非常容易出成绩的阶段。可是，老天却和萨拉马戈开了个大大的玩笑，第一本小说的出版让他由焊工成为作家，可是随后的二十多年却没让他在文学上获得更大的成绩。这二十多年，萨拉马戈从事着新闻报道和戏剧创作的工作，虽然和文字依旧有着紧密的联系，和文学的梦想却有了不小的偏离。

　　或许很多人都认为，萨拉马戈不会再有新的作品问世，更不会获得举世瞩目的成就。可是，萨拉马戈心底怀揣追逐诺贝尔文学奖的理想，这样的理想从来不曾在他的心底冷却过。当萨拉马戈 50 岁那年选择重新以写作为业时，身边的亲友们吓了一大跳。只有一位非常要好的老友鼓励萨拉马戈："50 岁逐梦也不迟，加油吧，伙计！"

《修道院纪事》出版时，这位老友因病去世了，萨拉马戈无比悲伤。在感叹岁月无情的同时，萨拉马戈更加勤奋地写作，完成了包括《失明症漫记》在内的多部优秀作品。后来，《失明症漫记》获得了诺贝尔文学奖，获奖理由是："由于他那极富想象力、同情心和颇具反讽意味的作品，我们得以反复重温那段难以捉摸的历史。"

萨拉马戈获得了姗姗来迟的肯定和荣誉，当然要感谢忠实的读者和诺贝尔文学奖的评委，但是更应该感谢自己 50 岁开始逐梦的决心。或许正是死亡近在咫尺的可能，才逼得萨拉马戈拼尽全力去爆发，去开拓自己的无限潜力。就像萨拉马戈曾说过："我已经不年轻了，所以每一部新作品的开始，对我来说都是一个挑战。我写的每一本书都有可能是我的绝唱，如果我的最后一部作品不尽如人意，那会是很可怕的。"

萨拉马戈给我们的启迪是：如果想成为超级成功人士，哪怕是从 50 岁开始逐梦也不晚，成功的大门不会轻易关闭。其实，任何人成就一番丰功伟绩，不在于从 15 岁还是 50 岁开始逐梦，而在于是否有将梦想进行到底的热情和决心。

梦想是一个非常奇妙的东西，如果我们不放弃追逐，或者从某个节点重新开始，梦想都会在原地等着我们。梦想不会随时间的推移而丢失，梦想就像一个固执的老人或孩子，耐心地等待着我们的回首，或者牵着它一路走下去。或许有那么一段时间，我们遗忘了自己最初的梦想，日子陷入了混沌的状态之中，但是梦想其实并没有走远，梦想依旧在原地等着你我。

如果一旦错过缘分，爱人不会一直在原地等待你我，爱人或许会遇到更好的人；如果一旦失去亲情，亲人不会在一直原地等待你我，行孝要趁早，不然难免留下永远的遗憾。可是，梦想却是宽容大度的，我们错过或丢失了梦想，却不会真正告别梦想。梦想就像一束光，就算曾经黯淡过，也会随时重新绽放光芒。

梦想是遥远的，甚至是虚无缥缈的，或许抵达梦想需要漫长的过程。可是，梦想不是海面上漂浮的冰山，梦想不是云层里的绚烂彩虹，梦想像一棵不移不动的树，总会在一个地方等着我们。当然，梦想是需要求索的，梦想需要奋力地去靠近，当艰辛而坚持的岁月掠过，我们会发现梦想是那么忠诚地守候着。

梦想会给我们一种坚持的信念，梦想也会给我们一种感动的力量。心若安好，便是晴天，梦想是晴天的那一抹白云，梦想是晴天的那一缕阳光，梦想是晴天的呼喊和奔跑。当梦想还在的时候，路走得再远、再累、再苦，我们都不会磨灭了希望。当梦想还在的时候，青春就有一种光芒，照亮我们走过的山山水水，也照亮我们未来通往梦想的日子。

只要我们不放弃，世界就不会放弃我们，只要我们还在追梦，梦想就还在原地守候。心若安好，便是晴天。晴天，不仅是气象上的晴朗，也是心境上的明媚。气象上的晴朗，可以让我们望见地平线、海平面的风景；心境上的明媚，可以让我们拨开迷雾，看见不曾离开的、还在原地的梦想。

心若安好，便是晴天，所有人生的梦想都会开花，所有青春的花季都会硕果累累。没有一段路是白白走过的，没有一份青春的孤独是没有意义的，当我们的心灵和身体都在路上，抵达相信就是迟早的事情。

晴天心语

"不抛弃，不放弃"，是许三多的口头禅，也是我们人生最好的座右铭。心若安好，便是晴天。不曾离开、还在原地等待我们的梦想，便是人生对我们最大的馈赠。